# 馬のバイオメカニクス

## 動きを理解して調教・運動に活かす！

著 Jean-Marie Denoix

監訳 青木 修

翻訳 石原章和
　　 高木眞理子

緑書房

BIOMECHANICS and PHYSICAL TRAINING of the HORSE by Jean-Marie Denoix
© 2013 by Taylor & Francis Group, LLC
CRC Press is an imprint of Taylor & Francis Group, an Informa business

All Rights Reserved. Authorised translation from the English language edition published by CRC
Press, a member of the Taylor & Francis Group.

Japanese translation rights arranged with Taylor & Francis Group, Abingdon, through Tuttle-Mori
Agency, Inc., Tokyo

Japanese translation © 2017 copyright by Midori-shobo Co., Ltd.
Taylor & Francis Group 発行の BIOMECHANICS and PHYSICAL TRAINING of the HORSE の日本
語に関する翻訳・出版権は、株式会社緑書房が独占的にその権利を保有する

# 目　次

推薦の辞 ………………………………………………………………………… 4

序文 ……………………………………………………………………………… 5

謝辞 ……………………………………………………………………………… 6

著者プロフィール ……………………………………………………………… 7

監訳をおえて …………………………………………………………………… 8

監訳者・翻訳者一覧 …………………………………………………………… 9

イントロダクション …………………………………………………………… 10

## Part1：筋肉群とその活動

第1章　前肢 …………………………………………………………………… 14

第2章　後肢 …………………………………………………………………… 25

第3章　頚と体幹 ……………………………………………………………… 39

## Part2：体軸方向の動作のバイオメカニクス

第4章　頚の下垂 ……………………………………………………………… 52

第5章　後退のバイオメカニクス …………………………………………… 62

## Part3：側方運動のバイオメカニクス

第6章　前肢 …………………………………………………………………… 72

第7章　後肢 …………………………………………………………………… 81

第8章　脊柱と体幹の筋肉 …………………………………………………… 89

第9章　ハーフパスと「肩を内へ」のバイオメカニクス ………………… 98

第10章　側方運動の利点と欠点 …………………………………………… 103

## Part4：障害飛越のバイオメカニクス

第11章　アプローチ、踏み切りと推進期 ………………………………… 110

第12章　踏み切りと推進期：体軸（頭、頚、体幹、骨盤）のバイオメカニクス ………… 124

第13章　飛越期：脊柱と体幹のバイオメカニクス ……………………… 133

第14章　飛越期：四肢のバイオメカニクス ……………………………… 142

第15章　着地期：脊柱のバイオメカニクス ……………………………… 156

第16章　着地期：四肢のバイオメカニクス ……………………………… 165

第17章　バウンスジャンプのバイオメカニクス ………………………… 177

Index ………………………………………………………………………… 185

# 推薦の辞

　多くのライダーやトレーナーと同じく、私も研究や経験を重ね、また世界的にも名高いトレーナーやライダーたちの著書を読んで自分自身のキャリア向上を目指し、努力してきました。

　これまでの馬術に関する書籍では、調教技術の大半が個人的な経験や直観を通して生み出されたものでした。つまりそれは、科学的データというよりは、常識的な判断と経験によって構築されたものでした。

　馬術の分野で私たちが目指すのは、心身の健全性を保ちながらも馬の競技能力を最大限に引き出すことです。

　馬術というスポーツ自体が目覚ましい速さで発展を遂げ、国際競技においてトップレベルの馬たちがみせる能力にはわずかな差しかありません。このわずかな差があるからこそ馬術が発展し続け、競技の質、そして馬の資質を向上させているのです。他のスポーツでも同じですが、馬術の進歩はそこに関わる様々な分野における研究者らが導き出した結論や調査結果によるところが少なくありません。研究から得られた知見や公表された文献を日々の調教に応用し、組み込むことも重要でしょう。

　Jean-Marie Denoix は長年の経験をもとに、詳細かつ精緻な著書を世に送り出してくれました。本書は、私が乗馬の調教に使える素晴らしいツールだと長年思っているフランスの馬雑誌『l'Eperon』の特集記事「Biomechanics and Physical Training of the Horse」の続編です。

　本書は読みやすく、イラストや解説、注釈などが誰にとっても分かりやすく記載されています。馬に関わる多くの方々が迷うことなく本書を活用されることを祈念します。

　「馬術の名人」にアドバイスをもらう前に、まずは本書の内容を理解し、自分が目指す馬術競技種目に向けて、愛馬たちのより入念な調教や仕上げに努力すると良いでしょう。本書を是非、堪能してください。

フランス障害馬術チーム・元コーチ<br>
ブラジル障害馬術チーム・現コーチ<br>
Jean-Maurice Bonneau

# 序　文

　馬術や馬の調教に関わる情報や書籍は多くありますが、本書は特殊な視点から考察しており、馬の体作りや調教に新たな光を当てるものです。主に伝統的な調教における馬の様々な動きや姿勢をテーマとし解説しました。しかし、精密な解剖学に基づく馬体各部のバイオメカニクス的な考察を裏づけてくれる研究は、ほとんど行われていません。

　本書の目的は、解剖学や機能性の観点から馬の動きを概説し、競技馬のライダーやトレーナーに馬の動きを理解してもらうことです。これによって調教や競技に際し、個々の競技馬への適切な運動を選択できるようになるでしょう。動作を理解するには基礎知識が不可欠であり、各々の競技種目で求められる馬の演技や動きに適した準備運動を合理的に進めるためにも大切です。

　本書では、主に解剖学的研究から得られた客観的情報、経験にもとづいた運動器のバイオメカニクスからみた機能についての知識、写真による観察と評価を組み合わせて考察しています。このような情報の解析によって、異なる歩法や運動における馬の動きを理解しやすくなりました。これらの情報は、骨や関節あるいは筋腱の構造に制約を加えるような体勢を特定し、効率良い動きのメカニズムを知るきっかけとなります。それによって、管理馬の運動能力を最大限に引き出そうとするトレーナーの悩みを解消することが狙いです。数多くの動きの評価がありますが、本書ではそのなかでも馬術競技で最も頻繁にみられる馬の動作と、競技馬の育成段階で多用される調教方法に限定して解説しました。最も重要な馬の動きに焦点を当てているので、今後さらに馬のバイオメカニクスについて学ぶための基礎となることでしょう。

　本書は馬のトレーナーにとって、高い運動能力と強い意思を兼ね備えた競技馬のスポーツキャリアを一段と効果的に管理するのに役立ちます。人が騎乗した際の馬の身体的な制約を理解すれば、ライダーはパートナーである馬の心と体を気遣った騎乗ができるようになるでしょう。

Jean-Marie Denoix

# 謝　辞

　プロのライダーの方々の協力と指導により、本書に豊富なイラストを載せることができたことを感謝するとともに、Michael Robert、Dominique d'Esme、Christian Hermount へ特に深甚なる謝意を捧げます。また、本書を細心の注意を払って編集をしてくれた Anne-Laure Emond にも感謝します。

# 著者プロフィール

Jean-Marie Denoix は、1977 年にフランス・リヨン国立獣医大学を卒業しました。1983 年にはリヨン国立獣医大学において家畜解剖学の教員となり、また同年に大動物・小動物の画像診断学科を創設し、1988 年まで同学科の責任者を務めました。1987 年、「馬の肢のバイオメカニクス」と題する博士論文を仕上げています。

1988 年、フランス・アルフォール国立獣医大学家畜解剖学科と、Equine Clinic（馬診療所）の責任者になりました。この間に、フランス・グロボワに Equine Veterinary Clinic（馬獣医診療所）を開設し、馬の跛行と運動器の病理に関するコンサルタントサービスをはじめました。1990～1998 年には馬の臨床獣医療に関する雑誌『Pratique Vétérinaire Equine』の編集長を務めると同時に EAVA（欧州獣医解剖学者協会）の副会長も務めました。1991 年には、馬のバイオメカニクスと運動器の病理学に関する協同研究組織 INRA-ENVA の理事長に選任されました。

1999 年にフランス・ノルマンディーにおいて、CIRALE（馬の歩行画像診断研究センター）の理事長となりました。CIRALE はノルマンディーのカルヴァドス県ドズレ近くのグストランヴィルに建設され、施設と機器は低地ノルマンディー地域協議会から資金が提供されました。CIRALE は自身が手掛けたプロジェクトの集大成で、開設に当たり施設デザインを主導しました。アルフォール国立獣医大学に隣接し、馬の跛行とプアパフォーマンス（なんらかの原因によって競走能力が低下した状態）の診断にかけては、世界で最高レベルの施設として知られています。また、レントゲン、超音波、サーモグラフィー、シンチグラフィ、MRI など、最先端の医療用画像診断装置が複数台設置されています。

2006 年、様々な海外協議会から要請を受け、アメリカと欧州に ISELP（国際馬運動機能病理学会）を創設しました。この学会の主な設立目的は、競技馬や競走馬における跛行のバイオメカニクス、診断、治療について獣医師に教育プログラムを提供することです。現在、世界で 300 名を超える獣医師がメンバー登録しています。その成果が認められ、2010 年にアメリカ・ケンタッキー州レキシントンで行われた WEG（世界馬術選手権大会）で跛行診断と画像診断の責任者を務めました。この大会期間中に、100 例を超える診察で多くの画像を撮影し、本書でもその数例を紹介しています。

2013 年、ACVSMR（米国スポーツ獣医リハビリテーション単科大学）の専門医となりました。

これまでに数冊の著書があり、また数多くの国際的な専門誌に寄稿や投稿し、また欧州、アメリカ、南米、中東そしてオーストラリアでの国際会議における講演も多く行っています。治療、研究、そして指導のすべては馬の筋骨格系に向けられており、常に解剖学とバイオメカニクスの基本にもとづいて、跛行やプアパフォーマンスの臨床的な診断評価を行い、さらに多様な画像診断技術を併せた運動器疾患の臨床診断を行っています。

このような多くの活動のかたわら、執筆活動を続け、さらに 1986～1989 年に Eperon I. H. が出版した一連の論文で、イラスト（素描および写真）も手掛けています。また乗馬家でもあり、繋駕速歩競走の御者資格を有し、各種馬術競技に精通しています。優秀な研究者であるのみならず、合成樹脂の熱心なアマチュア工芸家（デザインと彫塑）であり、写真家でもあります。

# 監訳をおえて

　馬術に限らず、ほかにも乗り物を使うスポーツはあります。例えば、カーレースやオートレースあるいは自転車競技があります。そこで使用される乗り物は、馬を除けば、すべて人がつくり出し、改良を加え、高度に進化した最新の機材が使われています。それらの機材の構造やデザインは人が開発したものであり、構造的な特性やデザイン上の効用が、それを利用するドライバーや選手に理解されています。彼らは乗り物の特性や性能を踏まえ、その性能を最大限に活かして、最高のパフォーマンスを発揮しているのです。

　一方、馬に乗って速さや飛越力を競い、あるいは難度の高い歩行運動の演技をこなす馬術ではどうでしょうか。自動車や自転車などの乗り物とは違い、馬は造物主からの授かりものであり、生まれながらに走行のための効率的な構造と走る能力をもっています。私たちは、その優れた走行能力を利用していますが、その構造や特性を細部まで熟知しているわけではありません。私たちは馬の能力に盲目的に依存して、馬術を楽しんでいるにすぎないのです。そこには馬に対する理解不足と過剰な依存性が存在し、結果的に馬に対する誤った騎乗や躾（虐待行為）、事故や故障を招く危険性を高めているとはいえないでしょうか。

　このような危険性を最小限に抑えるためにも、馬術を愛する私たちは馬の走行能力や馬体の運動機構について、可能な限り知っておかなければなりません。それには運動器に関する解剖学や運動生理学的な知識だけでなく、馬の走行に対するバイオメカニクスの正しい知識を熟知しておくことが求められます。

　とはいえ、馬のバイオメカニクスの知識は、現在それほど豊富ではなく、そこには未知や不明な部分も少なからずあります。本書は、そんな馬のバイオメカニクスに焦点を置き、現時点で最大限の知識や知見を総動員して、競技馬の動きやメカニズムを解説し、合理的な調教の方向性やヒントを提示してくれています。乗馬のトレーナーやライダーにとって、本書の内容はやや難しいかもしれませんが、愛馬の安全な管理、またその能力をより引き出すためにも、是非、本書を有効に活用してほしいと願っています。

　馬術や運動関係の専門用語は国際的にも統一されておらず、俗語や地域ごとに使い慣らされた抽象的な用語も多くあります。そのため本書の監訳にも苦労しましたが、可能な限り現時点の馬術・乗馬業界で使用されている用語を当てるように努力しました。今後、トレーナーやライダーの間で本書が馬談義の話題の中心になるようなことがあれば、監訳者と翻訳者にとって望外の喜びです。

　末尾となりますが、忙しい中翻訳の時間を割いていただいた石原章和氏、高木眞理子氏に感謝いたします。また、本書監訳の機会を与えていただき、刊行における編集作業に多大なるご尽力をいただいた緑書房の石井秀昌氏に深甚の謝意を捧げます。

2017 年 12 月

青木　修

# 監訳者・翻訳者一覧

## 監訳者

青木　修　　　　　　日本ウマ科学会会長

## 翻訳者

石原章和　　　　　　麻布大学 獣医学部獣医学科　Part1
高木眞理子　　　　　日本馬術連盟 馬場本部国際担当　Part2〜4

（所属は 2018 年 1 月現在）

# イントロダクション

　馬の身体能力を高めるには、トレーナーは馬のもつ資質を重んじて弱点を補うことを学ばねばなりません。アスリート、特に人の身体鍛錬では、スポーツ種目を深く理解する必要があります。この精神にもとづいて、本書では各章で馬をアスリートとみなした身体鍛錬法とそのバイオメカニクスを解説していきます。

　はじめに、あらゆる動作の根幹にある筋肉群のバイオメカニクスについて、簡潔にその効用や有用性を検証します。積極的な身体鍛錬に関わる主な体の組織は筋肉群です。そのため、Part1では前肢と後肢、頚、体幹にある筋肉群とその活動に焦点を当て、Part2では頚の下垂に関わるバイオメカニクスを解説します。運動内容の有用性を評価し、利点と欠点を含むその効果を理解するには、筋腱の基礎的な機能解剖学を理解しておく必要があります。このような基礎知識を理解できれば、馬の調教や主な運動内容に焦点を当てたPart3、4の内容を理解しやすくなります。

　どのような競技種目でも馬の調教では、「コンディショニング」と「強化」というそれぞれ独立した概念があるものの、両者は互いに補完し合って融合し、同時に効果を発揮するものです。

　コンディショニングの目的は、呼吸容量を増大させ循環機能を高めることで、その結果、持久力が高まると同時に疲労からの回復時間も短縮できます。

　馬の強化には、主に2つのゴールがあります。1つ目は筋肉と腱（諸関節の制御と固定に働く構造）の作用に伴う諸関節の屈撓性や柔軟性の向上です。2つ目は効率良い筋肉の収縮と筋肉同士の協調性を高め、一段と滑らかで軽快な自信に満ちた動きを生み出させることです（1、2）。

イントロダクション

▲1　アンダルシアの純血アラブ馬
無理なく自然な姿勢と体バランスをみせている

▲2　Quito de Baussy と Éric Navet
リラックスしながらも集中している

# Part 1:
# 筋肉群とその活動

第 1 章　前肢
第 2 章　後肢
第 3 章　頚と体幹

筋肉群とその活動
# 第1章 前肢

本書をより良く理解するために、まず運動中の筋肉生理学の基本的概念、およびそれに関連した筋肉の収縮と歩行装置として作用するテコの種類を、理解することが重要です。

## 筋活動の種類

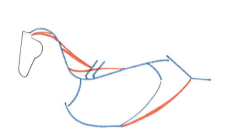  

等尺性収縮：関節は動かない（例：脊柱を安定させる筋肉）　　求心性収縮：スタンス後期　　遠心性収縮：スタンス期

筋肉は、特有の3つの収縮によって働きます（1.1）。

- 等尺性収縮は関節の動きを伴わない筋肉の収縮で、馬の運動ではあまりみられません。筋肉は、収縮時の実際の長さに応じて、伸び縮みすることもあります。等尺性収縮により、運動中に関節を固定します。このような収縮は、頭部、頸部、骨盤の屈曲が生じるような、古典的な収縮運動の調教でよく見られます。
- 求心性収縮は筋肉が短くなる収縮で、その結果、筋肉の起始部と停止部の距離が短くなります。伸筋の求心性収縮では、ストライドのスタンス後期（推進期）にみられるように、関節が伸展します。
- 遠心性収縮は筋肉の全長が伸びながらも収縮が起き、その結果、筋肉の起始部と停止部の距離が長くなります。バイオメカニクス的には、スタンス期において、馬は荷重などによる関節の閉鎖に抵抗し、動きを制限することが可能となります。

▲1.1　馬の頸、体幹、肢の筋肉収縮の種類
等尺性収縮：筋肉の長さは変化なし
求心性収縮：筋肉の短縮化（筋肉の起始部と停止部間の短縮）
遠心性収縮：制御された状態での筋肉の伸長化（筋肉の起始部と停止部間の伸長）

人のスポーツ生理学と同様に、筋肉が伸ばされる時に蓄積された位置エネルギーを利用して筋肉にパワーを与えるのが遠心性収縮です。これによって、効率的な筋肉の活動が生み出されます。この効率的な筋活動を知ってもらうために、馬の様々な調教時の歩法や運動中の筋肉群とその役目の説明に特に力を注ぎました。これらを知ることで、特定の筋肉に遠心性収縮を生み出す運動と、特殊な動きに最も順応しやすい運動を正確に認識することができます。

前肢

## 筋肉が作用するテコ

動物の体は、筋活動による独特なテコの仕組みによって動きます（1.2、1.3）。馬の動きは、すべて主に2種類の強力なテコによってコントロールされています。

- 1つ目のテコ（第1のテコ*）は、スタンス後期で働きます。関節（J、支点）は、筋肉からの力（F、力点）と動きの末端（E、作用点）との間に位置し、作用点であるテコの末端部を大きく動かすことができます。このテコを動かすには、筋肉の強大な活動が必要です。関節をまたいで生じる圧力は、スイング期（非負重期）に働くテコよりも大きく、テコの末端部（作用点）の変位はより早く広範囲に及びます。スタンス後期に働くテコは、求心性収縮とともに働き、遠心性収縮による筋肉への負荷（衝撃吸収を可能にする）と推進における特別な役目をもちます。前肢のスタンス後期に働くこのテコは2つあります。1つは、棘上筋と肩関節を中心に回転する上腕骨との連携です。もう1つは、上腕三頭筋と肘関節を中心に回転する前腕骨（橈骨と尺骨）の組み合わせです。

- 2つ目のテコ（第3のテコ）は、スイング期に働きます。筋肉からの力（F、力点）は、関節（J、支点）と動きの末端（E、作用点）との間に位置し、テコの仕組みの一部として働いています。このテコでは筋肉の力を温存し、関節に軽い圧力をかけて、中程度から高速で肢の素早い動きを生み出します。スイング期で最も活躍し、肢を引き上げます。このようなテコの働きは、前肢の上腕二頭筋の活動において最も明らかです。

---

*監訳注：原書では、1つ目のテコと、図1.2の左にあるイラストのテコを「第2のテコ（2nd class lever）」としている。しかし、図1.2の左にあるイラストのテコの力点、支点、作用点の働き方は、通常「第1のテコ」と呼ばれる

◀ 1.2 筋肉が作用するテコ
作用点（E）と関節（J）に対する筋肉停止部の位置に注目

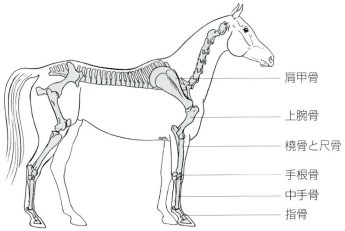

◀ 1.3 前肢の骨格
筋肉が骨の異なった隆起部に作用することで、テコの腕（支点〜力点）の役目を生み出す

- 肩甲骨
- 上腕骨
- 橈骨と尺骨
- 手根骨
- 中手骨
- 指骨

## ストライドの区分

　ストライドは２つの期間に区分できます。肢が地面に接触して馬の体重を支えているスタンス期（負重期または立脚期）と、肢を前方に振り出し（引き上げと伸長）ながら次のストライドの準備を行うスイング期（非負重期または遊脚期、1.4）です。垂直線を基準とした時、連続的に動いている肢の位置を、前から順に、頭側位（頭に近い側）、中間位（垂直線の近く）、尾側位（尾に近い側）と定義します。

　この肢の位置から、スタンス期はスタンス前期（頭側期、衝撃吸収期）、荷重が最大になるスタンス中期（中間期）、馬体が前方に押し出されているスタンス後期（尾側期、推進期）、の３つに分けられます。スイング期では、肢が振り子のように前方（頭側）へ移動します。スイング期の前半（引き上げ期、尾側期）では、すべての関節は屈曲し、スイング期の中間位（スイング中期）で屈曲は最大になります。そして、スイング期の後半（伸長期、頭側期）では、関節は伸展（または肢の伸長）、着地および次のストライドを開始する準備に入ります。

▲1.4　前肢のスイング期
伸筋が働いていることに注目

## 筋肉群とその活動

　前肢の筋肉（1.5〜1.7）は位置と役目によって、４つのグループに分類できます。最初のグループは肢全体の動きを生み出す筋肉群で、体幹の筋肉が含まれます。残りの３つのグループは、部位（肩、上腕、前腕）、または肢の遠位の骨に及ぼす役割（伸展と屈曲）によって分類されます。

### ☐ 肢全体を動かす筋肉
#### ▶ 伸長

　頚の筋肉は肢が着地するまでの間、スイング期と肢の伸長における主要な役目を担っており、上腕頭筋と肩甲横突筋が含まれます。特に上腕頭筋は非常に長い筋肉で、上腕骨に停止することで、頭と前肢を連結しています。この筋肉が収縮することで、上腕骨は強く前方に引かれます。肩甲横突筋は、肩甲骨と頚椎を結んでいます。

#### ▶ 推進

　肋骨の表面を覆う筋肉は、広範囲に及んでおり、推進に大きく関与しています。この筋肉は前肢を強力に後方に引っ張って、体幹を前方に押し出します。広背筋はこの作用がみられる代表的な筋肉で、上行胸筋の収縮によって上腕骨が腹側へ牽引される時に、上腕骨を脊椎の方向へ引き上げる働きがあります。

前肢

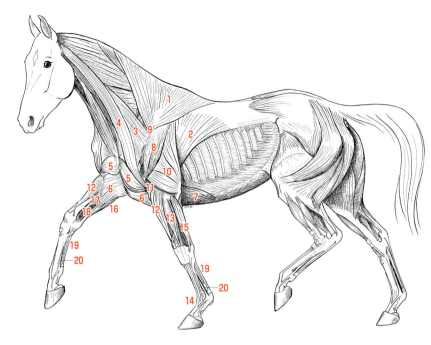

◀ 1.5　負重中（左前肢）と伸長中（右前肢）の前肢の筋肉

1　僧帽筋
2　広背筋
3　肩甲横突筋
4　上腕頭筋
5　下行胸筋（浅胸筋）
6　横行胸筋（浅胸筋）
7　上行胸筋（深胸筋）
8　三角筋
9　棘上筋
10　上腕三頭筋
11　上腕筋
12　橈側手根伸筋
13　総指伸筋
14　総指伸筋腱
15　尺側手根伸筋（外側尺骨筋）
16　尺側手根屈筋
17　橈側手根屈筋
18　指屈筋
19　指屈腱
20　繋靱帯（第三中骨間筋）

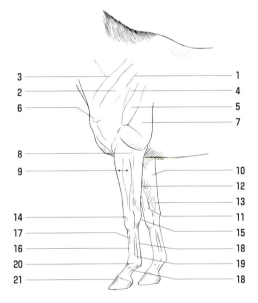

▲ 1.6　前肢の表層解剖

1　肩甲骨
2　棘上筋
3　鎖骨下筋
4　棘下筋
5　三角筋
6　肩端（肩関節）
7　上腕三頭筋
8　橈骨の外側粗面（肘関節）
9　前腕頭側の筋肉群（橈側手根伸筋と総指伸筋）
10　前腕尾側の筋肉群（手根と指骨の屈筋）
11　橈骨
12　橈側皮静脈
13　夜目
14　腕関節（前膝）
15　副手根骨
16　中手骨（管骨）
17　指伸筋腱
18　指屈腱
19　繋靱帯（第三中骨間筋）
20　球節
21　蹄

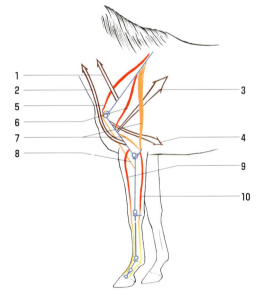

▲ 1.7　前肢を動かす筋肉

伸長
1　肩甲横突筋
2　上腕頭筋

推進
3　広背筋
4　上行胸筋

肩の筋肉
5　棘上筋
6　棘下筋

上腕の筋肉
7　上腕三頭筋
8　上腕筋

前腕の筋肉
9　前腕頭側の筋肉群（橈側手根伸筋と総指伸筋）
10　前腕尾側の筋肉群（手根と指骨の屈筋）

17

## 筋肉群とその活動

### ☐ 肩の筋肉（1.8）

肩の筋肉は、上腕骨につながっている肩甲骨周囲の筋肉を含みます。この筋肉の活動によって、肩関節（肩甲上腕関節）の動きを制御しています。

### ▶ 伸筋

強力な棘上筋は、スイング期の後半（伸長期）では肩関節を伸ばし（求心性収縮、1.9）、スタンス期では荷重による関節の閉鎖を防ぎます（遠心性収縮）。

### ▶ 屈筋

最も活発な屈筋は三角筋で、スイング期の前半（引き上げ期）に肩関節を屈曲させます。

### ☐ 上腕の筋肉

上腕の筋肉は、橈骨と尺骨につながっており、肘関節を伸展および屈曲させます。

### ▶ 伸筋

上腕の筋肉の主要なものとして大きな上腕三頭筋があり、スタンス後期だけでなく、スイング期の後半（伸長期）においても、強力に活動しています。

### ▶ 屈筋

上腕二頭筋と上腕筋は、スイング期に肘関節を屈曲させる働きがあります。

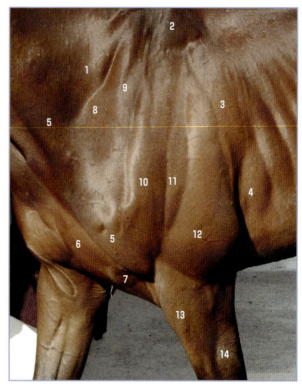

▲1.8 よく鍛えられた総合競技馬に見られる境界明瞭な肩の筋肉

**頚部と胸部の筋肉**
1 頚部腹鋸筋
2 僧帽筋
3 広背筋
4 胸部腹鋸筋
5 上腕頭筋

**胸筋**
6 下行胸筋（浅胸筋）
7 横行胸筋（浅胸筋）
8 鎖骨下筋

**肩の筋肉**
9 棘上筋
10 棘下筋
11 三角筋

**上腕の筋肉**
12 上腕三頭筋

**前腕の筋肉**
13 前腕頭側の筋肉群（橈側手根伸筋と総指伸筋）
14 前腕尾側の筋肉群（手根と指骨の屈筋）

前肢

◀ 1.9 前腕頭側の筋肉群の求心性収縮による球節と腕関節の伸展
棘上筋の求心性収縮による肩関節の伸展。上腕頭筋と僧帽筋の同時収縮による肢の伸長

◀ 1.10 左前肢への荷重
球節と腕関節が過伸展しながら肩関節が屈曲していることに注目

## ❑ 前腕の筋肉

前腕の筋肉は橈骨と尺骨の周辺からはじまり、長い腱を介して一部は管骨（第三中手骨）に停止し、腕関節（前膝）の動きを制御しています。また、一部は指骨に停止して球節、指関節の動きを制御します。

### ▶ 伸筋

前腕頭側の筋肉群は骨の前面に位置して、腕関節と指関節を伸展させます。これらの筋肉の求心性収縮は、主に伸長期に起こります（1.9）。

### ▶ 屈筋

前腕尾側の筋肉群は、骨の後面に位置しています。これらが腕関節や肢端を屈曲させて、スイング期に肢を屈曲させるように働きます（これに続く肢の伸長を助けます）。さらに重要なことに、スタンス期（負重期）では、着地からスタンス後期にかけて、馬体の重さに抵抗して球節を保定する役目を担っています（1.10）。

# ストライド中の筋活動

ストライドには、スタンス期とスイング期の2つの期間があり、それぞれさらに3つの期間に分けられ、その間の筋活動は明確に定義することができます。

## ❑ スタンス期（負重期；1.11～1.13）

この期間では、肢は体幹に対して後ろ方向に動きます。スタンス期はスタンス前期（衝撃吸収期）、スタンス中期（中間期）、スタンス後期（推進期）の3つの期間に分けることができます。スタンス前期は着地直後にはじまり、力学的エネルギーによって生じた地面と馬体の間の衝撃を吸収し、衝撃による関節の閉鎖を制御します。スタンス中期では肢が馬体の重みを支え、馬体が水平方向に動きます。スタンス後期は、筋肉の活動から二次的に生じる関節角度の伸びが特徴的な時期で、これには腱の弾性力が関わっています。これら3つの期間をとおして、馬体の前方への移動が起こります。

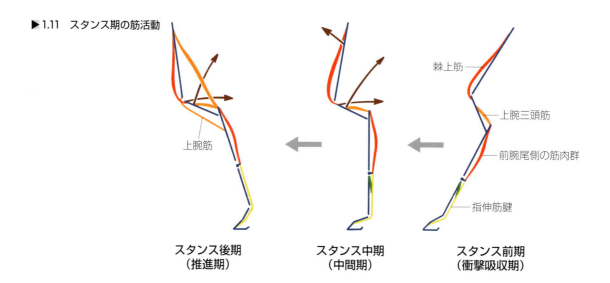

▶1.11 スタンス期の筋活動

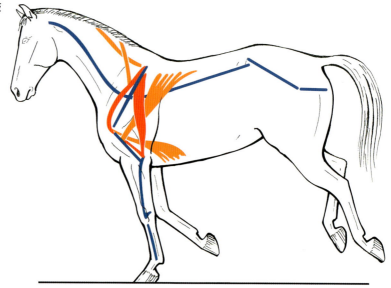

▶1.12 スタンス期に働く前肢の筋肉

前肢

▲ 1.13 スタンス期（負重期、右前肢）とスイング期（非負重期、左前肢）

右前肢：スタンス期であり、写真右はスタンス前期（衝撃吸収期）、写真中央はスタンス中期（中間期）、写真左はスタンス後期（推進期）

左前肢：スイング期であり、写真右は引き上げ期、写真中央・右はスイング中期（中間期）

◀ 1.14 フラットワークの負荷を明瞭に現した飛越後の着地における肢への荷重

球節は過屈曲し、沈下の度合いは前腕尾側の筋肉群が制御する。前腕頭側の筋肉群は、伸展時の腕関節を安定化させる。衝撃による肩関節の閉鎖は、棘上筋の遠心性収縮によって制御される

▶ スタンス前期（衝撃吸収期）

スタンス前期では衝撃による関節の閉鎖を制御する筋肉が、衝撃吸収に大きな役割を果たしています。このような荷重の制御は、肢の上部にある筋肉の遠心性収縮によって行われます。

- 下脚部では、屈筋が弾力性のある補助靭帯（上位および下位の支持靭帯）によって支えられて引き伸ばされ、屈筋の収縮や繋靭帯の張力と協力して荷重による球節の沈下を制限しています。
- 上腕三頭筋の内側頭の収縮により、衝撃による肘関節の閉鎖が制限され、関節の損傷を防いでいます。
- 棘上筋の遠心性収縮は、衝撃による肩関節の閉鎖を制限しています。

▶ スタンス中期（中間期）

これまでに説明したすべての筋肉は、スタンス中期でも活動しています。この時、筋肉の全長は伸びながらも、強い収縮が起こっています（遠心性収縮）。この収縮は、荷重による肢へのダメージを抑制しています。特に前腕の屈筋は、球節を能動的に支えています（1.14）。

その後、推進力を生み出す筋肉（例：上行胸筋と広背筋）の求心性収縮によって、肢は後方に動きます。これらの筋活動は頚部僧帽筋と菱形筋の補助を受けて、肩甲骨の上端を前方へ引き上げる動きを生み出します。

## 筋肉群とその活動

### ▶スタンス後期（推進期）

スタンス後期では、筋活動がピークに達します。強力な肢の引き込みと同時に、筋肉の求心性収縮によってすべての関節が伸びます（1.15）。スタンス後期では、スタンス期の前期と中期で蓄えられた筋肉や腱、靭帯のエネルギーを使うため、肢に体重がほとんどかかりません。

棘上筋は肩関節を伸ばし、上腕三頭筋は肘関節を伸ばします。それに合わせて、前腕の屈筋の収縮と腱（浅屈腱と深屈腱）および補助靭帯の弾性によって、球節が持ち上げられます。

### ❏ スイング期（非負重期；1.13、1.16、1.17）

スイング期では、肢が前方に振り出されます。この時期は、以下の3つの期間に分けられます。引き上げ期（尾側期）は、スタンス後期の後に肢が地面を離れる時点からはじまります。スイング中期（中間期）および伸長期（頭側期）は、肢の着地までの期間です。これによって、肢を前方に移動させる過程が完了します。

### ▶引き上げ期（尾側期）

引き上げ期は肩甲骨が振り子のように動き、下脚部が前方に振り出されます。この動きは、4つの筋肉の収縮（求心性収縮）により生み出されます。胸部僧帽筋は肩甲骨の上部を後方に引き、上腕頭筋、肩甲横突筋、下行胸筋は肩甲骨の下部を前方に引き、その結果、肢全体の動きを先導します。この時、前肢のすべての関節は屈筋の求心性収縮によって屈曲します。さらに、蹄と下脚部の慣性によって腕関節とそれ以下の関節の屈曲が助長されます（1.18）。

▲1.15 スタンス後期の最終段階（左前肢）
肘関節が最大に伸びながら肢が引き上げられようとしていることに注目。繋は垂直になり、蹄は前方に回転しはじめている

▼1.16 スイング期の筋活動

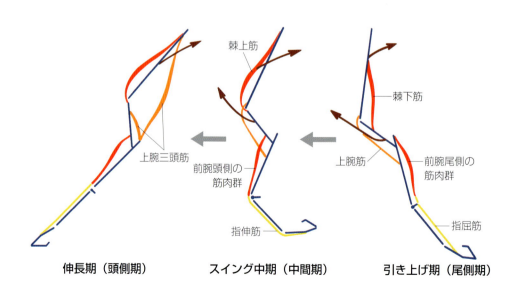

伸長期（頭側期）　　スイング中期（中間期）　　引き上げ期（尾側期）

前肢

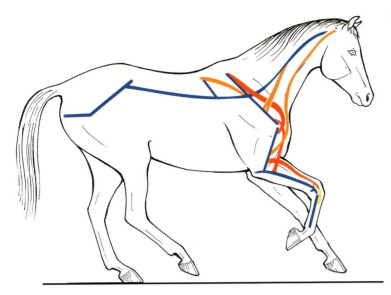

◀ 1.17 スイング期に働く前肢の筋肉

- 三角筋と大円筋が肩関節を屈曲させます。三角筋の収縮は、鍛えられた馬では容易に見ることができます。
- 上腕二頭筋と上腕筋は肘関節を屈曲させます（1.18）。
- 前腕尾側の筋肉群は、腕関節と下脚部の関節（球節および指関節）を屈曲させます（1.18）。

▶ スイング中期（中間期）

　僧帽筋の活動によって肩甲骨上部が後方に引かれます。上腕頭筋と肩甲横突筋の活動によって、肩甲骨下部が前方に引かれます。この3つの筋肉の活動により肩甲骨は前方に振り動かされます（1.18）。

◀ 1.18 スイング期
前肢が吊り上げられていることに注目。上腕頭筋は上腕骨を前方に引き、上腕二頭筋と上腕筋は肘関節を屈曲させる。下脚部は受動的に前方に移動し、上腕尾側の筋肉群が腕関節の屈曲を助ける

筋肉群とその活動

肘関節の屈曲は、上腕二頭筋と上腕筋の活動によって生み出されます。肩関節、腕関節、指関節が最大限に屈曲した後に伸展し、スイング期の次の段階への準備をはじめます。

#### ▶ 伸長期（頭側期）

肩甲骨が前方への動きの最大域に達すると、肢のそれよりも下の部分は前方に導かれますが、その度合いは歩行速度によって異なります。つまり、ストライドの長さは、伸長期における近位の関節の伸び具合に関連しているのです。棘上筋と上腕三頭筋の求心性収縮の助けをかりた肩関節と肘関節の伸展に伴って、さらにそれよりも下の部分が前方に振り出されます。この際、肩関節と肘関節の伸展は同調していることが重要であり、上腕頭筋と棘上筋が肩関節を伸ばすことで、上腕三頭筋の活動を可能にしています。

前腕部の伸筋は腕関節と指関節を伸ばし、肢はまっすぐ伸長します。

## 馬術における留意点

本章では、馬術に直接関連する筋肉の生理機能について、その基本的概念を説明してきました。

古典的には、屈筋と伸筋は反対の働きをするとみなされてきました。例えば、上腕二頭筋と上腕三頭筋は、スイング期では相反的に作用します。しかし、この2つの筋肉は、スタンス後期（推進期）では相同的に作用しているのです。スタンス後期においては、上腕三頭筋による肘関節の伸展が、上腕二頭筋による肩関節の伸展に役立っています。この概念は、後肢のバイオメカニクスを考える時、より明確に示されます。

ある筋肉群は、ストライドの各時期に応じて、異なった活動をしています。例えば、棘上筋は、スイング期の伸長期に求心性収縮、スタンス期の前期に遠心性収縮、後期に再び求心性収縮というように周期的に働いています。

筋肉群の活動と機能を理解することは、馬の調教時にどのような運動が適切であるかを判断するのに重要です。1つの例として、登り坂での運動が挙げられます（以降の章で詳しく解説します）。この場合、棘上筋、上腕三頭筋、広背筋、上行胸筋のスタンス後期における求心性収縮が促進されます。しかし、下り坂での運動では、上腕頭筋、肩甲横突筋、棘上筋、上腕三頭筋の内側頭に対して、大きな遠心性負荷がかかります。このため、様々な種類の運動を組み合わせることで、競技馬のより完全な筋肉をつくり上げることができます。

以降の章は、科学的知識と実践的な調教方法を融合させて、より良いバイオメカニクスの理解および競技馬の体調の調整につなげていくことを目的としています。

筋肉群とその活動
# 第2章 後肢

　前肢の着地や負重のバイオメカニクスの説明を踏まえ、推進動作や力強いバネのような動きを生み出す後肢の筋肉の仕組みについてみていきます。

　本章は、馬の歩行運動を理解するための基礎知識に焦点を当てます。その次に大事な目的は、プロ・アマチュアを問わず競技馬のトレーナーに対して、馬の体調管理に役立つ十分な情報を提供することにあります。第1章と本章で述べる基本的な概念は、馬の調教によって身体能力を高めていく際に直接応用できる確実な基盤になるはずです。

　本章は、後肢のテコ、後肢の筋肉群とその活動、ストライド中の筋活動の3つに分け、後肢のバイオメカニクス（2.1）と後肢の効率の良い働かせ方を説明していきます。

▲ 2.1　左後肢のスタンス中期（荷重を支えている）
骨盤と大腿の筋肉群すべてが収縮している。総踵骨腱（アキレス腱と浅屈腱）が踵骨を固定し、飛節の屈曲を防いでいる。屈腱群と繋靭帯は球節を支えている

筋肉群とその活動

# 後肢のテコ

馬の後肢は特に推進に関与しており（**2.2**）、運動の種類に関わらず障害飛越や馬場馬術の演技において重要な動力源となっています。後肢の重要な役目は、効率的に働く主体となる第1のテコ、および状況に応じて作用する副次的な第3のテコの働きによって可能になります（**2.3**）。

## ❏ 主体となる第1のテコ

第1のテコは主に推進力を蓄える時に働き、二次的に衝撃吸収にも役立っています。テコの効率は、筋肉から得られる力とテコの腕（支点～力点）の長さによって決まります。後肢の上部では、骨盤、大腿骨、脛骨それぞれがこのテコの仕組みをもっています。

### ▶ 大転子のテコ

このテコは、股関節を中心に回り、強力な中臀筋によって制御されています。大転子（大腿骨の最も上部の突起）がテコの腕になります。中臀筋の収縮によって、肢は後方に押し出されます。

### ▶ 膝蓋骨のテコ

このテコは、膝蓋骨を中心に構成されています。膝蓋骨は、3本の強力な膝蓋靭帯によって脛骨に連結しており、大腿四頭筋の活動を伝達しています。大腿四頭筋が収縮すると、膝蓋骨は上方に引っ張られ、膝関節が伸展します。

### ▶ 踵骨のテコ

踵骨には総踵骨腱が停止して、長いテコの腕になっています。この腱は、浅趾屈筋および腓腹筋の2つの腱からなっています。腓腹筋が収縮すると、飛節、特に脛骨と連結する部分が大きく伸展します。

## ❏ 副次的な第3のテコ

第3のテコは、主にストライドのスイング期（非負重期）において働き、関節を屈曲させます。以下の2つのテコの仕組みは、肢の上部の領域に作用しますが、継続的および間接的に肢の下部にも作用します（p.32「相反連動構造」参照）。

### ▶ 腸腰部のテコ

このテコは、馬を調教するうえで重要です。腸腰部のテコには、小転子に停止している腸腰筋が含まれます。この筋肉が収縮すると股関節が屈曲し、その度合いによってスイング期の終末における、肢全体の振り出しの度合いが決定されます。

### ▶ 大腿二頭筋によるテコ

このテコは、脛骨の上端に停止する強力な大腿二頭筋が主体となっています。この筋肉が収縮すると、スイング期における膝関節の屈曲が開始されます。

後肢

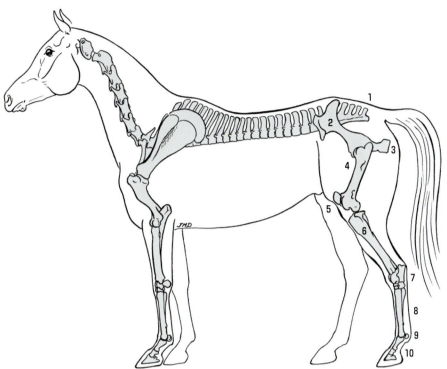

◀ 2.2 後肢の骨格

骨盤
1 仙骨
2 腸骨
3 坐骨

肢
4 大腿骨
5 膝蓋骨
6 脛骨
7 飛節
8 中足骨
9 球節
10 3つの趾骨からなる趾部

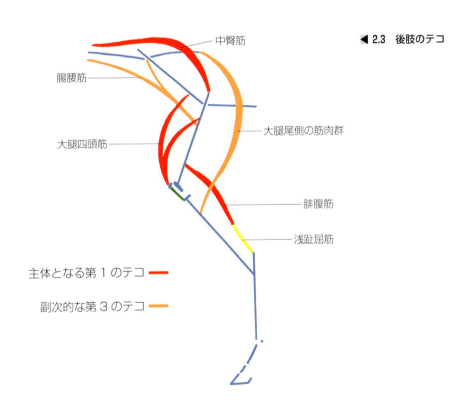

◀ 2.3 後肢のテコ

中臀筋
腸腰筋
大腿四頭筋
大腿尾側の筋肉群
腓腹筋
浅趾屈筋

主体となる第1のテコ ━
副次的な第3のテコ ━

27

# 筋肉群とその活動 (2.4、2.5)

　ここでは、後肢の筋肉群について、例えば寛骨周囲の骨盤周囲の筋肉群、大腿骨周囲の大腿筋群、脛骨の様々な部位に停止する下腿筋群といったように、中心となる骨の部位ごとに解説をしていきます。筋肉群を整理するためには、骨に起始した筋肉が、連結する隣接の骨に停止しているのか、より遠位の肢骨まで伸びているのかを理解することがキーポイントとなります。そして、このような筋肉が活動することで、連結した骨の間に位置している関節が動かされることになります。個々の筋肉群については、バイオメカニクスと機能解剖学を理解するのに必要な基本事項を述べていきます。

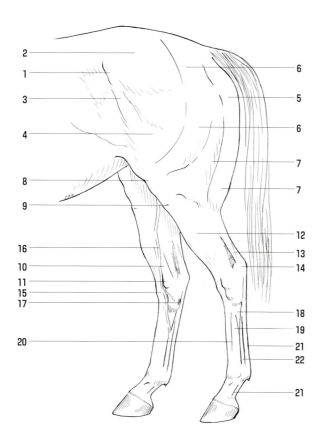

▲ 2.4　後肢の表層解剖
1　腸骨
2　中臀筋
**大腿頭側の筋肉群**
3　大腿筋膜張筋
4　大腿四頭筋
**大腿尾側の筋肉群**
5　半腱様筋
6　大腿二頭筋前枝
7　大腿二頭筋後枝
8　膝蓋骨
9　脛骨粗面
10　脛骨
11　脛骨内顆
12　下腿頭側の筋肉群
13　総踵骨筋群（下腿尾側の筋肉群の腱）
14　踵骨
15　下腿足根関節の背側陥凹
16　内側伏在静脈
17　夜目
18　第四中足骨
19　第三中足骨（管骨）
20　趾伸筋腱
21　趾屈腱
22　繋靭帯

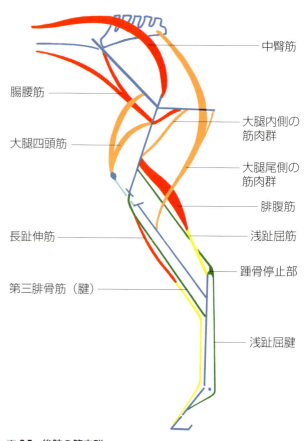

▲ 2.5　後肢の筋肉群

## ❏ 骨盤周囲の筋肉群

この筋肉群は大腿骨の上部に停止して、股関節を動かします。

### ▶ 股関節の伸筋：臀筋

臀筋は非常に大きな筋肉群で、お尻の外形をつくり出します。臀筋で最も強力なのは中臀筋で、体幹の腰部から起始し、脊柱起立筋の表面を覆い、大腿骨の大転子（大転子のテコ）に停止しています（2.6）。中臀筋は、馬の筋骨格系のなかで最も効率的な伸筋で、推進と加速に最も役立っている筋肉です。

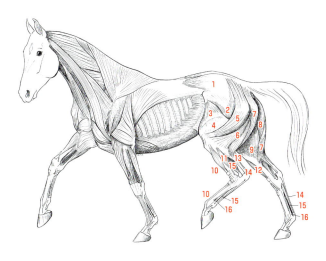
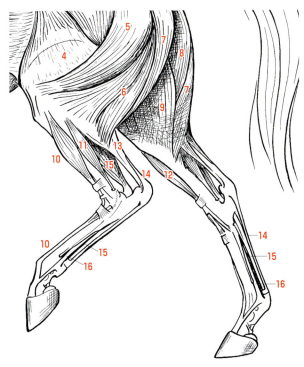

◀ 2.6　骨盤と後肢の筋肉

骨盤周囲の筋肉群
1　中臀筋
2　浅臀筋

大腿頭側の筋肉群
3　大腿筋膜張筋
4　大腿四頭筋

大腿尾側の筋肉群
5　大腿二頭筋前枝
6　大腿二頭筋後枝
7　半腱様筋
8　半膜様筋

大腿内側の筋肉群
9　薄筋と内転筋

下腿頭側の筋肉群
10　長趾伸筋
11　外側趾伸筋
12　頭側脛骨筋

下腿尾側の筋肉群
13　腓腹筋
14　浅趾屈筋と浅趾屈腱
15　深趾屈筋

中足部と趾節の筋肉と腱
14　浅趾屈腱
15　深趾屈腱
16　繋靭帯

### ▶ 股関節の屈筋：腸腰筋

腸腰筋は骨盤より前方に位置しており、腰下の部分になります（Part1 第3章参照）。この強力な筋肉は、腰椎（最後胸椎も含む）の腹側部および腸骨に起始して、大腿骨の上部に停止しています。腸腰筋が収縮すると、腰椎間の関節や腰仙関節だけでなく、股関節の屈曲も引き起こします。このため、腸腰筋は後躯の踏み込みにとって最も重要な筋肉となっています。

### ◻ 大腿部の筋肉群

これらの筋肉群は大腿骨の周りに位置し、場所と役目によって3群に分類できます。

### ▶ 大腿頭側（前面）の筋肉群

この筋肉群には2つの重要な筋肉があります。1つ目は大腿四頭筋で、恥骨（大腿直筋）および大腿骨に起始して（外側広筋）、膝蓋骨に停止しています。大腿四頭筋は、主に膝関節を伸展させる役目があり、二次的に股関節の屈筋としても働きます。2つ目は大腿筋膜張筋で、腸骨と膝蓋骨の間をつなぎ、股関節を屈曲させます。

### ▶ 大腿尾側（後面）の筋肉群（2.6、2.7）

この筋肉群は大腿頭側の筋肉群よりも広範囲に及び、3つの重要な筋肉である、大腿二頭筋（前枝と後枝からなる）、半腱様筋、半膜様筋が含まれます。これらの筋肉は仙骨または坐骨に起始して、大腿骨の下部（遠位）および脛骨の上部（近位）に停止しています。歩行時に特に重要となりますが、その働きはストライドの時期によって異なり非常に複雑です。例えば、これらの筋肉はスイング期では膝関節の屈筋として作用しますが、スタンス期では膝関節と股関節の伸筋として作用します（p.34「歩行中の筋活動」参照）。

◀ 2.7　大腿尾側の筋肉群の活動

▶ 大腿内側（内部）の筋肉群

　この筋肉群は大腿部の内側（内部）に位置し、恥骨や坐骨から大腿骨の遠位や脛骨の近位へと伸びています。これらの筋肉が収縮すると、肢は内側へ引かれます。このため、内転筋と呼ばれ、外転筋である臀筋とは相反して作用しています。この筋肉群に含まれる大型の筋肉（内転筋または薄筋）は他の大腿部の筋肉群と相乗して、推進にも貢献しています（2.8）。

□ 下腿部の筋肉群

　この筋肉群は2群に分けられ、それぞれ脛骨の前後に位置し、相反して働きます。これらの筋肉は長い腱として足根骨または中足骨の近位部に停止し、飛節の動きを制御し、さらに球節や趾関節を動かしています。これらの筋肉に加え、ここでは後肢の屈曲と伸展において特殊な連動的動作を起こさせる相反連動構造や、後肢の起立を安定化させる起立安定構造についても説明します。

▶ 下腿頭側（前面）の筋肉群

　この筋肉群は、脛骨の頭側（前面）に堅固に停止しています（馬の腓骨は退化しています）。これらは飛節の骨または中足骨近位部に停止しており、純粋に飛節の屈筋として働きます。また、趾骨の前面（背側部）に停止している筋肉（趾伸筋）は、球節と趾関節の伸筋として働いています。

▶ 下腿尾側（後面）の筋肉群

　この筋肉群は、脛骨の尾側（後面）に位置しており、部分的に大腿尾側の筋肉群に覆われています。下腿尾側の筋肉群で最大のものは腓腹筋で、2つの筋腹からなり、踵骨の先端（踵骨隆起）に停止しています。踵骨はテコの腕（支点〜力点）の役目を果たし、腓腹筋が飛節を効率的に伸展させるのに役立っています。この筋肉群に協力する他の筋肉としては趾屈筋があり、中足骨の底側（後面）を強固な腱（趾屈腱）として走行し、趾骨に停止しています。このため、これらの筋肉はスイング期では球節と趾関節の屈筋として働きますが、スタンス期において、球節を支持するという重要な役目をもっています。

▲2.8　大腿部の筋肉群の活動
左後肢：大腿頭側の筋肉群は股関節を屈曲させながら、膝関節を伸展させる。大腿尾側の筋肉群は、最大長まで引き伸ばされている
右後肢：大腿内側の筋肉群は膝関節を保持し、推進を助けている

## 筋肉群とその活動

### ▶ 相反連動構造

相反連動構造（2.9、2.10）は馬特有の構造で、高速運動に順応した馬体の特徴であるといえます。この構造は全体が線維化した2つの構造物、第三腓骨筋と浅趾屈筋からなり、膝関節、飛節、趾関節を連動させています。

第三腓骨筋は完全に線維化し腱として働いており、脛骨の頭側に位置して、大腿骨下部（遠位部）と中足骨上部の間をつないでいます。浅趾屈筋も線維化した筋肉で、脛骨の尾側に位置しています。この筋肉は大腿骨下部に起始して、踵骨の先端に一部が停止した後、長い浅趾屈腱（起立安定構造 – 相反連動構造の尾側部）として下方に走り、遠位端は冠骨に停止しています。

### ▶ 活動のメカニズム（2.11、2.12）

強力な大腿筋群の活動により膝関節が屈曲すると、第三腓骨筋は上方（近位方向）へ引き上げられ、遠位停止部を引っ張ります。その結果、膝関節と同時に飛節も屈曲します。飛節が屈曲すると、踵骨の先端は下方に回転して、浅趾屈筋に緊張が掛かり、球節と趾関節が連動的に屈曲します。

膝関節の伸展は浅趾屈筋の近位部を牽引して、テコの腕（支点～力点）である踵骨に作用し、飛節の伸展を引き起こします。

相反連動構造の完全に受動的な働きによって、

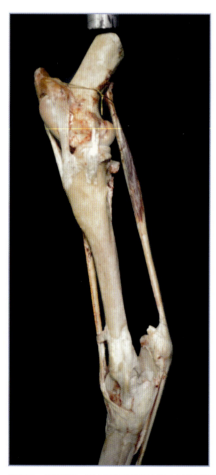

▲2.9 伸展時における膝関節と飛節の相反連動構造（内側観）
大腿骨の上方から緊張が加えられ、膝蓋骨は固定される。スタンス期では、膝関節が伸びている状態で、脛骨の後面にある浅趾屈筋が飛節の屈曲を防止する

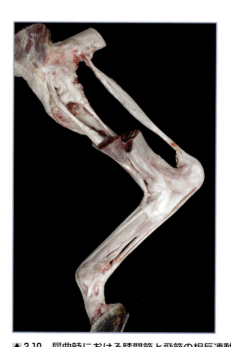

▲2.10 屈曲時における膝関節と飛節の相反連動構造（外側観）
膝関節の屈曲により第三腓骨筋が上方に引かれ、連動的に飛節に同程度の屈曲を生み出す

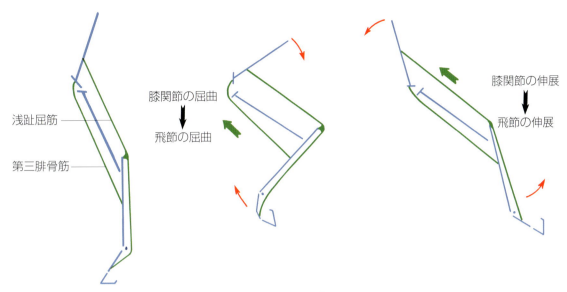

▲2.11 ストライドの様々な時期における膝関節と飛節の相反連動構造
膝関節が屈曲すると、第三腓骨筋は上方に引っ張られ、球節と飛節が屈曲する。膝関節が伸展すると、浅趾屈筋が上方に引かれ、飛節が伸展する

◀2.12 スイング期における後肢の相反連動構造
右後肢のすべての関節は、左後肢のそれよりも大きく屈曲している。骨盤の屈曲（腰仙部屈曲）によって、後躯の踏み込みが助長されていることに注目

　大腿部の筋肉は趾関節を含む後肢のすべての関節を動かすことが可能になります。この構造を理解することによって、動きのなかで調和とバランスの取れた後肢の機能を実感することができます。

　この構造のどこかに病変が生じると、跛行という深刻な問題を引き起こします。例えば第三腓骨筋（腱）の断裂では、飛節が屈曲できないという症状を示し、一方で浅趾屈腱が踵骨停止部から脱臼すると、飛節を伸展できないという症状を示します。

# ストライド中の筋活動

後肢の基礎的な機能解剖学を踏まえて、ストライドの時期と、筋肉の関連性を順番に説明していきます。前肢と同様に、ストライドにおける筋活動について、スタンス期とスイング期をそれぞれ3つの期間に分けて順番に述べていきます。

## ☐ スタンス期（負重期；2.13）

蹄と地面との接触によってストライドのスタンス期がはじまりますが、それは衝撃吸収の開始時期でもあります。

### ▶ スタンス前期（衝撃吸収期、頭側期、2.14）

この時期は、様々な筋肉群の遠心性収縮（伸長化）が特徴で、肢に体重がかかることで生じる関節の閉鎖に抵抗している段階です。この筋収縮は、蹄が着地した後に生じる衝撃の吸収にも役立っています。

股関節の屈曲は、中臀筋と大腿尾側の筋肉群の遠心性収縮によって制御されています。膝関節の屈曲は、大腿四頭筋（特に外側広筋）によって制御されます。

飛節の保定は、膝関節に連結している浅趾屈腱の張力と腓腹筋の遠心性収縮によって行われています。管部にある腱組織の弾性によって、荷重時の肢関節の虚脱・崩壊を予防し、この時期の衝撃吸収に大きく貢献しています。

### ▶ スタンス中期（中間期、2.15）

荷重時の筋肉の伸長化はエネルギーの蓄積に役立ち、スタンス後期（推進期）において肢が地面を押す時に効率よくパワーを発揮することに貢献しています。

運動中の馬体の重さに抵抗するため、筋肉は荷重による関節の閉鎖に抵抗しなければなりません。中臀筋と大腿尾側の筋肉群は、協力して股関節と膝関節の伸展状態を保ちます。飛節は浅趾屈筋（起立安定構造）の一部の受動的な伸展と、腓腹筋の能動的収縮によって保定されています。

そして、球節は繋靭帯の張力で支えられ、それを浅趾屈腱や深趾屈腱などの下腿の屈筋群から延びる腱が補助しています。

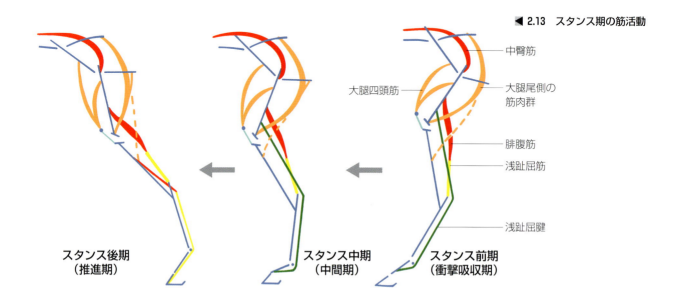

◀ 2.13 スタンス期の筋活動

▶ スタンス後期（推進期、尾側期、2.16）

　スタンス前期とスタンス中期に蓄えられたエネルギーは、関節を伸展させるための筋肉の急速な求心性収縮に活用されます。そして、大きな中臀筋と大腿尾側の筋肉群の活動によって、股関節が強く伸展します。

　股関節の伸展に合わせて、膝関節も大きく伸展します。この膝関節の伸展は、大腿四頭筋の効率的な求心性収縮によって完成します。そして、腓腹筋の収縮が起こり飛節の急激な伸展がはじまります。さらに趾屈筋と趾屈腱の活動は、繋靭帯の弾性の協力を得て、球節と趾関節のテコの腕（支点～力点）を持ち上げはじめます。

▲2.14　駈歩における右後肢の衝撃吸収
馬体の重みを支えるため、膝関節と飛節は同時に屈曲する。趾関節は屈曲している（球節の伸展と趾関節の屈曲）。屈曲から伸展への切り替えは、まず股関節から起こり、スタンス中期とスタンス後期がはじまる

▲2.15　速歩における右後肢のスタンス中期
膝関節、飛節、遠位の趾関節は最大に屈曲し、球節は最大に伸展している。肢はエネルギーを蓄え、スタンス後期で放出される。股関節は伸展を続け、推進がはじまる

◀2.16　速歩における後肢の推進
すべての関節は同調的かつ均整を保ちながら伸展する。膝関節、飛節、趾関節は伸展しながら、球節を持ち上げる

つまり、スタンス期は臀部と大腿部のすべての筋肉が関与することが特徴的で、これらの筋肉は荷重時には遠心性（伸長化）に働き、推進時には求心性（短縮化）に働いているのです。

## ◻ スイング期（非負重期、2.17）
### ▶ 引き上げ期（尾側期）
引き上げ期に筋肉から生み出される力は、蹄が地面を離れる（離地）とすぐに作用しはじめます。スタンス後期の最後に肢が後方に伸長した後は、関節が屈曲して肢が引き上げられます。
- 股関節の屈曲が肢全体を持ち上げ、体幹の下方へ振り出します。この動きは、腸腰筋と大腿頭側の筋肉群という、2つの効率的な筋肉群の活動によって可能になります。
  - 腸腰筋は非常に強力で、スイング期において肢を前方に振り出す主要な力を生み出します（腸腰筋が骨盤と腰椎を屈曲させていることを思い出すこと）。
  - 大腿頭側の筋肉群のなかでも、特に大腿筋膜張筋と大腿直筋は、求心性収縮により股関節を能動的に屈曲させるのに寄与しています。
- 膝関節の屈曲は大腿尾側の筋肉群の活動に続いて起こり、相反連動構造があることによって、スイング期での下脚部の関節の屈曲を生じさせています。

### ▶ スイング中期（中間期）
この時期は、すべての関節が様々な角度で屈曲します（屈曲の度合いは歩法や速度により異なります、2.18、2.19）。股関節の屈曲は、腸腰筋と大腿頭側の筋肉群の求心性収縮によって起こります。膝関節の最大の屈曲は、大腿尾側の筋肉群の顕著な短縮化によってもたらされます。そして、第三腓骨筋の上方への牽引を受けて、飛節は自動的に屈曲します。踵骨が水平になることで、浅指屈筋に緊張が生じ、趾関節（球節、冠関節、蹄関節）が屈曲します。

### ▶ 伸長期（頭側期）：踏み込み（2.20、2.21）
蹄の着地の際には、関節運動が乱れます。股関節の運動は有意に低下し、他のすべての関節が伸展し、着地に向けて肢の全長が長くなります。

膝関節の伸展は、大腿頭側の筋肉群（特に大腿四頭筋）の求心性収縮によって制御されます。しかしこの動きは、大腿尾側の筋肉群の弾性不足や伸長化（ストレッチ）によって妨害されます。つまり、個々の肢の動きを決定または制御する要素を理解することが、適切な運動内容を選択するために重要になります。

その後、踵骨のテコ構造を浅趾屈筋（および腓腹筋）が上方に牽引することで、飛節が自動的に伸展します（p.26「踵骨のテコ」参照）。

肢の慣性および下腿頭側の筋肉群（長趾伸筋と外側趾伸筋）の能動的収縮によって、球節と趾関節が伸展し、蹄は着地に備えます。

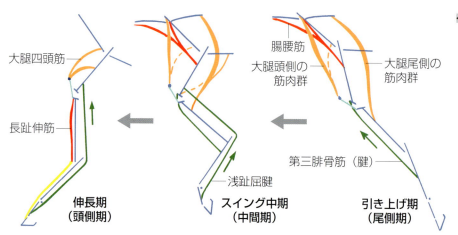

◀ 2.17　スイング期の筋活動

▲2.18 高速運動での肢の引き上げ動作
腸腰筋と大腿頭側の筋肉群の求心性収縮によって起こる。下脚部の慣性によって生じる第三腓骨筋の弾性に注目（写真左）。この結果、飛節の屈曲は遅れ、総踵骨腱は弛緩する。飛節の屈曲の遅れと総踵骨腱の緊張増加がみてとれる（写真右）

◀ 2.19　パッサージュにおける右後肢のスイング期
すべての関節は、同調して動き同じように屈曲している（股関節、膝関節、飛節、球節、趾関節）

| 筋肉群とその活動

◀ 2.20　作業駈歩における左後肢の踏み込み

腰仙部および股関節は屈曲し、後肢の伸長が可能になる。他のすべての関節（膝関節、飛節、球節、趾関節）は、同調して動き伸展する。臀筋と大腿尾側の筋肉群は最大に伸長する

◀ 2.21　エンデュランス競技馬における左後肢（手前後肢）の踏み込み

腰仙部は伸展をはじめ、右後肢の推進を開始する。左後肢の膝関節、飛節、球節、趾関節は、同調して動き伸展する。大腿尾側の筋肉群は最大に伸長する

## まとめ

　本章で述べた概念は、乗用馬の動きのメカニズムをより良く理解する助けになります。その結果、単に後肢の踏み込みだけでなく、馬の歩様のすべてを注意深くみていくことが可能になります。そして、後肢のどの筋肉と関節が踏み込みに重要か、またどの筋肉の弾性や伸長が不十分であると踏み込みが制限されるのかを、容易に理解できるでしょう。

　動作解析と同じ方法を使うことで、様々な歩法におけるバイオメカニクスを理解し、後肢の踏み込みを鍛え、あるいは関節の柔軟性や相反する筋肉の伸長化を向上させていくのに、どのような調教法が最適なのかを選択することができるのです。

　馬の動作解析は、人のスポーツ競技や体操において、能力を向上させる場合と同じように行われます。動きの解析や解釈では、骨格への筋肉の停止部位および様々な筋収縮の様式を理解することが基本となります。このような概念を用いて、次の章では頚と体幹のバイオメカニクスを考えていきましょう。

筋肉群とその活動

# 第3章 頚と体幹

　乗用馬や競技馬における動きの研究のなかで、体幹や脊椎のバイオメカニクスは考察されてきましたが、まだ完全には理解されていない領域であるといえます。その主な理由は2つあり、脊椎の本質的な動きの可動範囲が狭く客観的な知見が限られていること、および馬の運動やバイオメカニクスを考察する時にその用語が統一されていないこと、が挙げられます。

　脊椎は、乗用馬や競技馬の運動のなかで、根本的な役割を担っています。脊椎は、まさに前肢（胸部肢）と後肢（骨盤肢）を結ぶ吊り橋なのです。ほとんどの馬の運動において、この「吊り橋」はライダーの重みを支えており、そして必ずしも堅固な構造ではないということを知っておく

必要があります。脊椎は騎乗運動には欠かせない要素であり、ある程度の柔軟性をもち、ストライドのスタンス後期（推進期）においても、重要な役割を担っています。このため、体幹の健康状態を左右する運動時のバイオメカニクスや柔軟運動は、トレーナーとライダーの両方にとっての大きな関心事なのです。

　馬体の仕組みや構造の特性を向上させるには、内部の動きを理解することが不可欠です。そこで、脊椎の基本的概念を述べていくことが、本章の主な目的になります。その結果、調教計画のなかでどのような運動が重要であるかを理解できるだけでなく、馬が順応しやすい運動を選択する助けになるのです。

## 筋肉群とその活動

　脊椎の本質的な動きを担っている個々の構造物を説明する前に、4つの支柱（四肢：前肢と後肢）を結んでいる吊り橋のケーブルに当たる構造物について説明していきます。

### ◻ 体幹を吊るケーブル（3.1）

　体幹を吊り下げている後肢の構造物に筋肉は含まれず、仙腸関節という動きの少ない関節に依存しており、左右の腸骨翼と仙骨を結合している堅固な靭帯が存在しています。前肢による体幹の吊

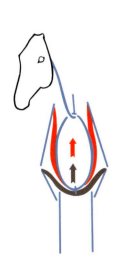
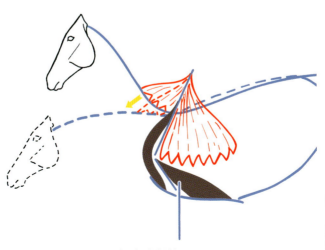

▶ 3.1　両前肢の間で体幹を吊り下げている筋肉帯

腹鋸筋は肩甲骨の内面、肋骨、頚椎に停止しており、胸筋は胸骨、肩甲骨、上腕骨の間をつないでいる

━━ 胸部腹鋸筋および頚部腹鋸筋
━━ 上行胸筋（深胸筋）および鎖骨下筋

# 筋肉群とその活動

◀ 3.2 飛越後の着地における胸郭の吊り下げ

前肢の間で体幹全体の沈下が制御されていることに注目

り下げは、後肢のそれとはまったく異なります。馬は鎖骨がないため、体幹は強固な筋肉の帯によってのみ支えられているのです（3.1）。

前肢の間で体幹を吊り下げているのは、腹鋸筋と胸筋の2種類の筋肉です。腹鋸筋は肩甲骨の上部に停止し、頚の下部（頚部腹鋸筋）および最初の8本の肋骨を支えています（胸部腹鋸筋）。胸筋は、胸骨を上腕骨（深胸筋）および肩関節の上縁部につなぎ止めています（鎖骨下筋）。

馬術にとって、腹鋸筋と胸筋の発達と強化はきわめて重要です。つまり、これらの筋肉のパワーと強さは、歩行中の前駆の根本的な軽快さを維持しています。腹鋸筋と胸筋が効率的に求心性収縮することで、障害物の直前で前駆を持ち上げることが可能になります。そして、これらの筋肉の遠心性収縮によって、着地の際に体幹が前肢の間に沈下するのを防いでおり、ストライドのスタンス期（負重期）において、下脚部にかかる荷重を抑えているのです（3.2）。

## 屈曲 − 伸展運動

正中面で脊椎の動きを制御している筋肉の分類はシンプルです。脊椎よりも背側（上方）にある筋肉が伸筋で、脊椎よりも腹側（下方）にある筋肉が屈筋です。頚部と胸腰椎部にある筋肉は、別々のものと考えます。

### ▶ 頚部（3.3）

**伸筋**

頚部背側の筋肉群（軸上筋）は、脊椎の高い棘突起に沿う尾側（後方）方向、および頚椎や頭部に向かう頭側（前方）方向に走行しています。つまりこの筋肉は、頚椎の伸筋であり、頚を持ち上げ頭頂部を伸展させます（その結果、頭部は水平に保持されます）。頚部背側の筋肉群のうち最も強力なのは、板状筋と頭半棘筋になります。

**屈筋**

頚部腹側の筋肉群（軸下筋）のうち、上腕頭筋、胸骨頭筋（筋肉の停止部により命名）、斜角筋だけが、第一肋骨と頚椎の間をつないでいます。これらの筋肉は頚椎の屈筋であり、頚を下垂させ、あるいは頭頂部を屈曲させます。

Note：頭を下げるのは頚部の伸展ではなく屈曲と関連しています。

### ▶ 胸腰椎部（3.4）

**伸筋（3.5、3.6）**

この部分の筋肉群はいずれも大きな筋肉からなっており、脊柱起立筋は尾側（後方）では腸骨に、頭側（前方）では頚の基底部に向かって伸びていて、肋骨の上部に収まり、その全長にわたって椎骨に停止しています。脊柱起立筋が求心性に収縮すると、胸腰椎が強く伸展して、棘突起同士が引き寄せられます。また、脊柱起立筋が腸骨翼に停止していることから、筋収縮によって骨盤は水平に近づき、腰仙関節の伸展につながります。

腰仙関節は、腰椎に停止している強力な中臀筋の活動によって動くため、脊椎の可動性において特に重要です。

# 頚と体幹

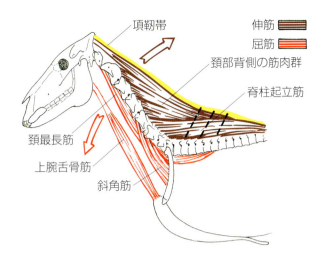

◀ 3.3 頚部の筋肉の動き
頚部背側の筋肉群（脊椎より上部の筋肉）は伸筋、頚部腹側の筋肉群（脊椎の下にある筋肉）は屈筋である

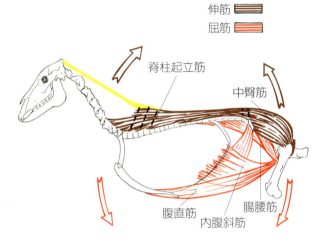

▲ 3.4 胸腰椎部の筋肉の動き
頚部背側の筋肉群は伸筋、頚部腹側の筋肉群および腹壁の筋肉は屈筋である

▲ 3.5 飛び降り障害の着地における頚胸椎と胸腰椎の強力な伸展
腰仙関節は、後肢の着地に備えて屈曲しはじめている

◀ 3.6 2頭の障害物競走馬における腰仙関節の屈曲（ゼッケン12番の馬）および伸展（ゼッケン10番の馬）
腰仙関節は大きな可動域をもっていることに着目

筋肉群とその活動

◀ 3.7　総合競技での障害飛越後の着地における腰仙関節の強力でダイナミックな屈曲

腰仙関節の屈曲度合いで、後肢の位置取りが決まる

▶ 屈筋（3.6、3.7）

　これらの筋肉群は、脊椎の腹側（下方）に位置しており、腹下の筋肉が含まれ、以下の2種類に分類されます。

- 腹壁の筋肉群（腹直筋と腹斜筋）は胸骨に起始して、頭側では最後肋骨に、尾側では恥骨に停止しています。これらの筋肉が短縮（求心性収縮）すると、胸腰椎の全体および腰仙関節が屈曲して、骨盤の後部が下がることになります。
- 腰下の筋肉群（腸腰筋）は腰椎の下部と腸骨に起始して、主に大腿骨の上部に停止しています。この筋肉群は股関節を屈曲させるのみならず（Part1 第2章参照）、求心性収縮によって、腰仙関節と腰椎を屈曲させます。つまり、腸腰筋は、骨盤を起こす、股関節を屈曲させるという2つの働きを担っているのです。これらの働きが、後肢の踏み込みを左右します。

　屈筋と伸筋は相反して働きますが、同時に働くことも多く、脊椎軸にかかる緊張と力の調和を保ち、あるいは体幹の様々な部分を動かすのに役立っています（3.8）。

□ 横方向への湾曲（側方屈曲）

　脊椎の横方向への湾曲または側方屈曲は、水平面における馬体の曲がり、または馬体の左右いずれかへの湾曲と定義されます。しかし、側方屈曲が完璧であることは少なく、ほとんどの場合には二次的な馬体のローテーション（軸回りの回転）を伴うことを知っておくべきです。

　側方屈曲は特定の筋肉によって起こるわけではなく、屈筋と伸筋の両方によって生み出され、脊椎の片側の筋肉が求心性に収縮（片側性または非対称性）することで、その向きに脊椎が湾曲します。つまり、右側への側方屈曲は、脊椎の右背側と右腹側にある筋肉が収縮することで起こるのです（3.9）。

　胸腰椎の側方屈曲は、胸椎の尾側部で最も顕著にみられます。これは、脊柱起立筋と腹斜筋の片側性収縮によって生じます。

　腸腰筋は腰椎の椎間関節が水平方向にはほとんど動けないことに起因して、側方屈曲ではあまり大きな役目を果たしていません。つまり、真の意味での側方屈曲には、腰仙関節はほとんど関わっていないのです。

頚と体幹

◀ 3.8 屈筋と伸筋の相同的かつ調和の取れた活動

腹部の筋肉による腰仙関節の屈曲、および背側の伸筋群（鞍の下を走る脊柱起立筋）による前駆の挙上に注目

◀ 3.9 頚と胸腰椎の右方屈曲

この動きには骨盤と連携して胸部が右へローテーションすることが関連している

43

筋肉群とその活動

▲3.10　障害飛越の飛越期における胸腰椎の能動的な左方ローテーション
骨盤の下端は右側に変位して、その結果、脊椎が左方へローテーションしている

❏ ローテーション

　ローテーションは、脊椎がその長軸を中心に回転する動作を指します。脊椎は屈曲せず、横断面において捻転し、多くの場合、このようなローテーションは側方屈曲の時に見られます。この動作は、脊椎の下方（腹側）が左右どちらか動いた側に起こります。脊椎の下方は、固定された構造物である骨盤と後肢の動きに連動しています（Part3 第8章参照）。

　ローテーションは筋肉の求心性収縮によって能動的に起こることもあれば（3.10）、肢の位置に応じて受動的に起こることもあります。この時、ローテーションに関わる筋肉の遠心性収縮によって、動きの度合いが制御されます（3.11、3.12）。

　ローテーションを起こす筋肉は小さく、脊椎のすぐ隣りにあるため、椎骨隣接の筋肉群（多裂筋など）と呼ばれます。この筋肉群は2〜3個の脊椎の周囲を走行して、互いに重なりながら仙骨から頭頂部まで続いています。体幹が大きく動く時には、椎骨隣接の筋肉群は前述した他の大きな筋肉（頚部の筋肉群、脊柱起立筋、腹筋群など）の補助をしており、複雑で受容的な脊椎の動きにおいて非常に重要な役目を果たしています。

　一例としてですが、頚のローテーションは板状筋の片側性収縮によって起こり、同じ側への頚椎（つまりは頭部）のローテーションにつながります。

　胸腰椎では、胸椎の後ろ半分が最も大きくローテーションします。この動きでは、腹斜筋（特に内腹斜筋）が最も活発に働きます。一方、尾側腰椎でのローテーションは限定的です。腰仙関節では、屈曲時伸展時ともに椎体が靭帯によって固定されるため、ローテーションはきわめて限られます。このため、関節が屈曲や伸展していない中立の位置にある時のみ、ローテーションが可能となります。

頚と体幹

◀ 3.11 速歩における胸腰椎の受動的ローテーション①
左後肢への荷重が骨盤の左方へのローテーションを引き起こし、右前肢への荷重は胸郭と胸椎の右へのローテーションと連動する

◀ 3.12 速歩における胸腰椎の受動的ローテーション②
右後肢への荷重によって、骨盤が右方に揺り動かされ、左前肢への荷重によって、胸郭と胸椎は骨盤に対して左方へローテーションする

# 筋肉群とその活動

## ストライド中の筋活動

脊椎の動きを担っている機構と構造を述べてきました。改めて動きのなかで起こる現象について、運動学的な視点から解説していきます。

脊椎のバイオメカニクスは、歩法によって異なります。このため、速歩と駈歩における脊椎のバイオメカニクスを別々にみていくことにします。

### ☐ 速歩（3.13）

速歩は体幹の屈曲－伸展運動が受動的であり、腹部の重さの慣性によって生じます。スタンス期（3.11、3.12）では、腹部が腹側（下方向）に変位することにより胸腰椎は引き下げられ伸展しますが、腹部の筋肉は遠心性に収縮して、この動きを制御しています。つまり、矛盾しているようですが、腹部の筋肉の収縮は脊椎の伸展と同時に起こっているのです。一方でストライドの空中期（跳躍期：馬体が浮き、四肢がすべて地面から離れる時期）では、腹部が押し上げられ、脊椎は背側に変位し、その結果屈曲します。この動きは、脊椎の伸筋によって制御されています。

速歩では、脊椎は背腹方向の屈曲－伸展運動と同時に側方屈曲とローテーションも起こしています。ここでは、ストライドの半周期において脊椎に起こる力学的な現象をみていきます（残りの半周期はこれと左右対称的な動きになります）。まずはストライドの右斜対の期間、つまり右前肢と左後肢が体重を負担している状態を考えてみましょう（ストライドの後半では左右が逆になります）。

### ▶ 側方屈曲

斜対肢が荷重（左後肢－右前肢）から跳ね上がり、それらの対側肢（右後肢－左前肢）が前方へ運ばれている時期には、骨盤と胸郭の側方屈曲も同時に起こります。

ローテーション
（後ろから見た図）

左後肢の荷重。
脊椎の右方ローテーション（骨盤に対して）

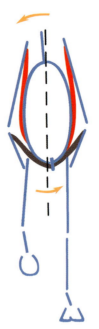

側方屈曲
（上から見た図）

右前肢の荷重。
胸郭の右方ローテーション

▲ 3.13 速歩における側方屈曲とローテーション

これによって、脊椎は右側に湾曲します（右側が凹む）。つまり速歩においては、荷重している前肢の方へ側方屈曲することになります（3.13）。

胸郭の形状が円錐であるため、このような脊椎の湾曲は、荷重している前肢を後方へ滑らせるのに役立ちます。これは原則として、腹斜筋および脊柱起立筋の外側部（特に腸肋筋）の収縮によって起こります。

### ▶ ローテーション

ここでも、馬が右の斜対肢に荷重しているものとして説明します。

**馬体前半部**

左前肢が荷重していない時、胸郭は右半身の筋肉帯のみで吊り下げられています。この結果、胸郭は左側に落ち込み、棘突起が左に傾きながら、胸骨は右に傾きます（馬体を後ろから見ると反時計回りに動いているかのようです、3.13）。脊椎のバイオメカニクスにおいては、馬体の頭側部が右側に曲がっていくことから、これを右方ローテーションと定義しています。

**馬体後半部**

右後肢が荷重せず左後肢が荷重している時、結果として骨盤の傾きが生じます。バイオメカニクス用語では、ローテーションの動きは、後肢（骨盤、仙骨、馬体後半部）に対する前肢の変位によって分類されます。この状態での胸郭は、仙骨（固定された構造とみなされます）に対して右方へローテーションします。速歩において、脊椎の全長（後端から前端まですべて）は、荷重している前肢に向かって、ローテーションすることになります。

これらの動きは完全に受動的で、体幹の筋肉はローテーションの度合いを制御するために働きます。この後の章では、脊椎の柔軟性を高めるために、側方屈曲や脊椎のローテーションをどのように発達させていくかについて説明します。

### ☐ 駈歩（3.14）

駈歩における脊椎のバイオメカニクスは、速歩とは大きく違っています。その理由は2つあります。
- 脊椎の動きは原則として屈曲‐伸展運動である。
- 体幹の筋肉の求心性収縮を誘発する能動的な動きである。

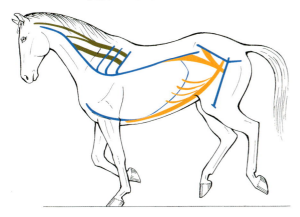
後肢の空中期での筋活動

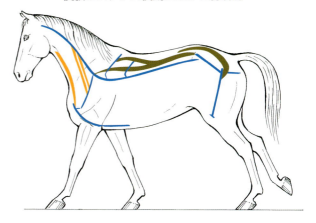
後肢のスタンス後期における筋活動

▲ 3.14　駈歩における筋活動
頸部背側の筋肉群と腹筋群は、空中期では活発に働く。頸部腹側の筋肉群、脊柱起立筋、中臀筋は、スタンス後期では同期して働いている

筋肉群とその活動

◀ 3.15 手前前肢（右前肢）におけるスタンス後期の終末段階
頚の挙上（伸展）、および胸腰椎と腰仙関節の屈曲は、空中期にも継続して、後肢の踏み込みに貢献する

　ここでは、馬の健康と体力を向上させる運動の重要点を強調する目的で、後肢の空中期（胸腰椎の屈曲）と後肢のスタンス後期（胸腰椎の伸展）という、ストライドのなかの2つの時期について説明します。

▶ 後肢の空中期
　この期間には、頚の挙上と後肢の踏み込みが起こります（3.14、3.15）。

頚の挙上
　頚の挙上は頚椎の伸展と同期して、頚部背側の筋肉群の求心性収縮によって引き起こされます。それに合わせて、棘上靭帯は弛緩し、胸腰椎の屈曲を補助します。

後肢の踏み込み（3.16）
　後肢の踏み込みは脊椎の屈曲と同期して、腹部筋肉の相乗的かつ同期性の求心性収縮によって可能となります。腸腰筋は腰仙関節と股関節を屈曲させ、後肢の前方移動を開始させます。また腹壁の筋肉は、胸腰椎と腰仙関節を屈曲させることで、後肢の踏み込みに貢献しています。

▶ 後肢のスタンス後期（推進期）
　後肢のスタンス後期（推進期）には、後肢の空中期の動きと逆になります。つまり、頚の下垂と屈曲、胸腰椎の伸展が同期して起こります。

頚の下垂
　この動きは頭と頚の重みによって受動的に起こることもあれば、頚部腹側の筋肉群（特に斜角筋）の収縮によって能動的に起こることもあります。

頚の屈曲
　頚が屈曲すると棘上靭帯は緊張し、胸腰椎の椎骨同士が密着して、後躯からの推進力を伝達するのに役立ちます。

胸腰椎の伸展（3.17）
　この動きは脊椎全体（頚部は除く）での脊柱起立筋の求心性収縮によって引き起こされ、推進を効果的にして馬体を前方に押し出すのに大きく役立ちます。腰仙関節の伸展は中臀筋の活動によって増幅されており、またこの筋肉は、股関節も伸展させます（Part1 第2章参照）。

頚と体幹

◀ 3.16 駈歩の空中期における強力な後肢の踏み込み
腰仙関節と胸腰椎の屈曲によって起こる

◀ 3.17 後肢のスタンス後期の終末段階における胸腰椎と腰仙関節の伸展
腹部の筋肉が右後肢の推進が終わると同時に、脊椎の屈曲に備えていることに注目

49

筋肉群とその活動

## まとめ

　本章では、頚と体幹のバイオメカニクスの基礎的概念を述べてきましたが、競技馬の身体的な鍛練を考えるために必要となる基礎的な内容について説明できたといえます。これらの考え方を用いることで、馬の柔軟性や強靭さを高め、調和の取れた調教に応用できる最も一般的な運動内容を選択することができます。

　筋肉の停止部位や様々な筋肉の役割を理解する

ことは、理論的で適切な調教計画を立てるのに不可欠です。馬の調教は選択した運動内容に応じて、その各々の利点や欠点に左右されます。適切な運動内容は、その利点と効果、潜在的な欠点などにもとづいて選択する必要があります。あらゆる運動や動きを解析し、調教の効果を理解することで、以後の章が理解しやすくなるのです。

# Part 2：
# 体軸方向の動作のバイオメカニクス

第4章　頚の下垂
第5章　後退のバイオメカニクス

体軸方向の動作のバイオメカニクス

# 第4章 頚の下垂

Part1 では、馬体各部位の機能を解剖学的に解説してきました。そこでの基本概念は、「頚の下垂」のバイオメカニクスを理解するのに役立ちます。頚の下垂動作は競技種目によって調教への取り入れ方は様々ですが、多くの場合は基本的調教に属します。基礎体力作りや関節の柔軟性、心身の運動性協調を培うことに焦点を当てた調教は、どのような競技種目であっても、心身ともにバランスの取れた調教の根幹である点に留意することが大切です。

本章の目的は、頚の下垂を伴う運動時に生じる脊椎の動きとその筋活動、さらにはそれらの動きによって生じるストレスについて理解することです。これによって様々な競技種目における頚の下垂という体勢がもたらす利点と欠点を評価することができます。そのような情報にもとづき、個々の馬がもつ生来の体力や弱点を考慮したうえで、この運動を調教に組み込むか、限定的に利用するか、あるいは組み込まないかを判断することができます。

本章では、「頚の下垂」を「頚の伸展」とは区別して解説します。脊柱のバイオメカニクスからみると、頚の下垂（4.1）は頚椎の根元の屈曲をもたらします（Part1 第3章参照）。また、頚の下垂について馬術的な観点ではなく、バイオメカニクスの観点から解説します。つまり馬が自発的に頚を下げたか、あるいは相応の手綱操作で頚を下げたかに関わらず、馬の機能的な変化に焦点を当てます。頚を下垂させた状態で運動する馬のバイオメカニクスは、馬体の異なる部位、すなわち前駆、中駆（体幹）、後駆にもたらす影響に分けて解説します。

## 前駆への影響

歩法（常歩、速歩、駈歩）に関係なく、頚を下げることは前駆に複数のバイオメカニクス的な変化をもたらします。

まず頚を下げることで、馬体の重心が前方へ移動します。これによって前駆への負荷が増し、後駆への負重が軽減されます（4.2）。また、頚の下垂により前駆に過剰な負荷がかかり、体幹を両前肢間に吊り上げている胸部の筋肉帯への負荷が増します（Part1 第3章参照）。その結果、胸筋と腹鋸筋の発達が助長され、頚が通常の位置にある時には前駆が軽くなり、支持力が強化されるのです。様々な競技種目において頚の下垂は重要であるものの、過度の繰り返しや長い時間の実施は避けることに留意する必要があります。その理由は、前駆へ過度に負重することで、前肢の諸関節や腱組織などの構造へのストレスが増加するからです。したがって前肢に腱炎の既往歴がある馬や、関節に問題がある馬の場合は、頚の下垂は禁忌となります。

次に頚を下げることで、頚部背側の筋肉群が支える頭頚の重心も前方へ移動します。頚部背側の筋肉群の伸長は等尺性収縮を誘発します（4.1）。この筋肉群の収縮には、筋肉の硬化を防ぎ、筋肉収縮の効率を高めるという2つの利点があります。これに関わるのは、頚と胸部の結合部（頚胸椎結合部）を動かす筋肉群です。頭頚の起揚に関与する筋肉群の発達は、特に馬場馬術（4.3）と障害馬術で大切です。これらの筋肉群の役割は、頚を迅速に伸ばして前肢の諸関節の伸展を助け、前駆を起揚させることにあります。

頚の下垂

▲4.1 収縮歩度でのフラットワークにおける頚の下垂
頚と背中の脊椎、そして股関節の屈曲の度合いに注目。頚部背側の筋肉群、脊柱起立筋（鞍下の部分）、臀筋、大腿尾側の筋肉群が同時に伸展する

▲4.2 駈歩における頚の下垂（軽く左側へ屈曲）
前駆への負重、および両前肢間で体幹を吊り上げている胸部の筋肉帯（腹鋸筋と胸筋）への負荷に注目

▲4.3 作業駈歩における頚の下垂（写真左）
前駆への負重、および腹筋群の収縮で後肢の踏み込みを助けている点に注目。頚の下垂によって、運動課目の調教（写真右に示す駈歩の踏歩変換など）に際して必要な前駆の支持力が強化され、また頚が自然な状態にある時には、棘上靭帯の緊張が軽減されて、後肢の踏み込みが助長される

53

最終的には、頚が下垂することで頚椎が屈曲し、これに伴って頚椎の椎間孔が開きます。椎間孔は並んだ2つの椎骨が形成する空間で、脊髄から分岐する太い神経の通り道となります（4.4）。頚部が屈曲して椎間孔が開くと、頚椎に神経圧迫や脊髄の炎症がある馬の場合はそれが軽減されます。頚椎に神経圧迫や脊髄の炎症があると、頚の硬さや前肢の跛行の一因となることもあり、また自衛のための攻撃的な行動につながることがあります。

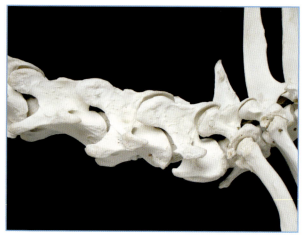

▲ 4.4　頚と胸郭との結合部（頚胸椎結合部）の頚椎
隣接する椎骨が並んで椎間孔を形成する。椎間孔には末梢と脊髄をつなぐ太い神経が通り、腕神経叢に作用して前肢の運動・感覚神経を活性化させる

## 体幹への影響

　一般的に頚を下げることで、強靭で弾力性のある項靭帯が引き伸ばされて、胸椎の屈曲を誘発し、キ甲の高い棘突起を前方へ牽引します（4.5）。胸椎の屈曲によって脊柱より上部の筋肉群（軸上筋）や靭帯などの構造物を引き伸ばし（4.6、4.7）、腹筋群の作用を増強させます（4.8、4.9）。これらの部位にかかる力の強度は、同時に後肢の踏み込みの程度によっても異なります。

▼4.5　頚を下げることで、脊柱の棘突起の頂点に付着する靭帯に与える影響

頚を下げることで、（A）項靭帯が緊張し、キ甲の棘突起が前方へ牽引され（B）、胸椎が屈曲し（C）、棘上靭帯が緊張して軸上筋（脊椎より上部の筋肉）が伸びる（D）
1：後頭骨に停止する項靭帯（索状部）、2：頚椎の中間あたりから起始する項靭帯の層状部、3：胸腰椎の棘突起の先端に起始する棘上靭帯、4：軸上筋の主たる構成部位である背最長筋

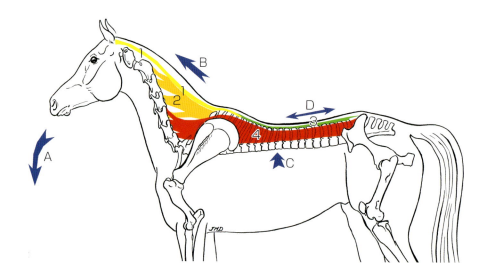

# 頚の下垂

◀ 4.6 リラックスした常歩における頚の下垂

胸椎の屈曲と、頚の根元から背部にわたる筋肉群の伸展に注目。頚がバランスの取れた自然な位置（下図の左）にある場合、腹鋸筋と胸筋に負荷がかかることでそれらの牽引力がより強く働き、胸郭の懸垂を助ける

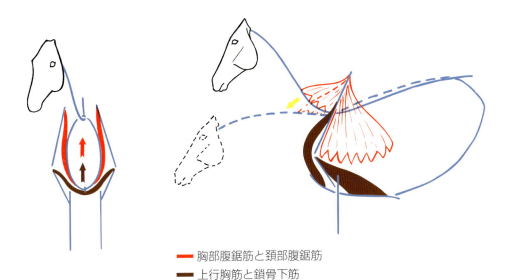

― 胸部腹鋸筋と頚部腹鋸筋
― 上行胸筋と鎖骨下筋

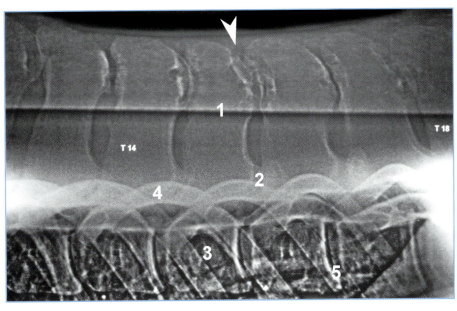

◀ 4.7 第十二〜第十八胸椎間で激しく衝突する背部の棘突起（棘突起接触：矢頭）

頚を下げることで胸椎が屈曲し、病変を生じている脊椎間の圧力が軽減される

1：棘突起、2：関節突起、3：椎体、4：肋骨、5：椎間板

55

体軸方向の動作のバイオメカニクス

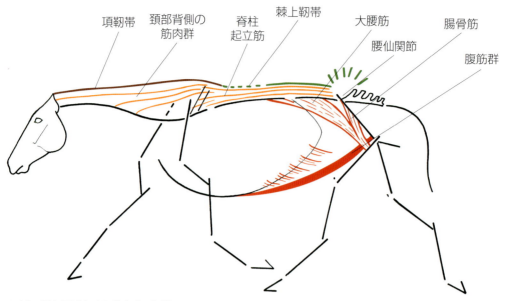

▲4.8 頸を下げさせる筋肉群と靭帯
棘上靭帯の緊張で胸腰椎結合部の屈曲が制限され、腹筋群の働きが増し、後肢の踏み込みを促進している。この靭帯の緊張と腹筋群の収縮との組み合わせで、腰仙関節が屈曲する

## 後肢の踏み込みがない状態

頸の下垂は、胸腰椎結合部を含む脊柱軸より上の馬体構造に影響を与えます。

### 脊椎と靭帯への影響

頸を下げることで胸椎が屈曲し、胸椎の棘突起同士が離れます。背部の棘突起が衝突（棘突起の接触、4.7）することで痛みが生じている馬では、頸を下げると痛みが軽減（鎮痛）される体勢となります。つまり頸の下垂は、棘突起の接触により背痛のある馬にとって理学療法のような効果がみられ、競技馬としての経歴をさらに積むことが可能になります。

キ甲の棘突起に停止する項靭帯が強く牽引されることで、胸椎全長にわたる屈曲をもたらします。屈曲の度合いは第五〜第九胸椎で最も著しく、また第九〜第十四胸椎でも顕著に屈曲します。その結果として鞍下の部分で背中がアーチを描くように屈曲し、ライダーの体重を支えます（4.10）。ある特定の状況下ではこれを利点として利用することができます。例えば、ライダーの体重負荷に対して筋肉群がまだ十分に適応できていない若馬の調教や、背部の棘突起がぶつかり合って、胸椎を伸ばした時に痛みを誘発し、これが慢性化している馬の場合です。

胸椎がアーチを描くように屈曲すると、脊柱の伸展時に働く脊柱起立筋と椎骨隣接の筋肉群（多裂筋）を引き伸ばします（4.1、4.8）。脊柱の伸筋群が伸びると、スポーツ的な運動における脊柱起立筋と多裂筋の収縮効率が高まります。したがって、効果的な腹筋収縮を伴った胸椎の屈曲は、競技に向けた体作りに大切なツールなのです。胸椎がアーチを描くように筋肉を伸長させると、棘突起同士の衝突で生じる反射的な筋肉のけいれんや胸腰椎結合部の椎間の関節炎への対処に役立ちます（4.11）。

頚の下垂

◀ 4.9　速歩における頚部の屈曲
背中の吊り上げ（屈曲）、棘上靭帯の緊張、そして腹筋群の活動により左後肢の踏み込みが促されていることに注目

◀ 4.10　頚を下げる効果
頚を下げることで胸椎の屈曲を促し（鞍の真下部分）、脊柱起立筋と椎骨隣接の筋肉群を引き伸ばすことで、脊柱によるライダーの体重の支持力を高めている

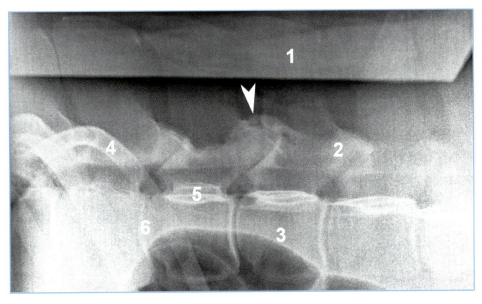

◀ 4.11　第二腰椎と第三腰椎間の関節突起（矢頭部分）に生じた重篤な関節炎

頚を下げることで、椎間の痛みを伴う筋肉のけいれんが軽減する
1：棘突起、2：関節突起、3：椎体、4：最後（第十八）肋骨、5：横突起、6：椎間板

## ❏ 後肢の踏み込み

頚を下げることによる胸椎の屈曲は、棘上靭帯の緊張を伴います（**4.5、4.8**）。後肢を踏み込むには、馬は棘上靭帯の緊張に抵抗しなければならず、スポーツおよび身体鍛錬の観点から複数の利点と欠点が生じます。

### ▶ 利点

後肢の踏み込みを伴った頚の下垂では、脊椎を屈曲させるような力が脊椎の両端にかかります。後躯の踏み込みの利点は、後肢の踏み込みがない場合と比較して、胸腰椎の屈曲が増し、頚の下垂によるバイオメカニクス効果を高めることです。したがって胸椎では棘突起同士がますます離れ、ライダーの体重を受け止める脊椎アーチの弧形が増し、脊柱起立筋（主に最長筋）と椎骨隣接の筋肉群が伸展します。

腰椎では、頚の下垂によって起こる棘上靭帯の緊張により、脊椎はそれ以上に屈曲することができません。その結果、脊椎の可動部位と筋活動の機能が再構築されることになります。

- 後肢の踏み込みでは、胸腰椎部位の尾側にある棘上靭帯の不撓性に腹筋群が対抗しなければなりません。このような負荷がさらに加わることで、腹筋群が強化されるのです。棘上靭帯の緊張に抵抗する筋肉群は2つのグループに分けることができます（Part1 第3章参照）。それは、腹壁を構成する腹直筋と腹斜筋、そして腰椎の腹側に位置する大腰筋や小腰筋および腸骨筋を含む腰下の筋肉群です。

- 脊柱軸については、項靭帯が前方へ牽引することで棘上靭帯が伸長し、屈曲および伸展時における脊柱の柔軟性を向上させます。

- 腰椎での屈曲度が減少する代わりに、脊柱では側方屈曲とローテーションが生じます（**4.12**）。脊柱の側方屈曲とローテーションの大半は胸椎の後半部分（第九～第十四胸椎）で生じますが、腰椎部分での動きはごくわずかであって、腰仙関節では最低限のローテーションのみ可能です。これらの動作に関与する主な筋肉群は、外腹斜筋と内腹斜筋、椎骨隣接の筋肉群（多裂筋）です。したがって、馬が頚を下垂させて運動した場合には、複数の筋活動が組み合わさり、脊椎の全域での可動性が増大することになります。

### ▶ 欠点

後肢の踏み込みを伴った頚の下垂には利点があるにも関わらず、脊椎の力学的な抵抗性と解剖学的構造に起因する2つの要因により、この運動の適用には制限があります。

- 棘上靭帯の過度の緊張によって靭帯そのもの、あるいはその起始部に病変をもたらす可能性があります（靭帯炎あるいは筋腱付着部の炎症）。

- 棘上靭帯の緊張は、椎体と椎間板の圧縮を生じます。そのためこれらの脊椎構造、特に頚椎の根元を損傷する可能性があるのです。

頚の下垂

▲ 4.12 調馬索での速歩における頚の下垂
胸腰椎結合部と腰仙椎結合部において側方への動きとローテーションの可動域が広がっている

## 後駆への影響

頚を下垂させることは馬の体バランスを変化させて、脊柱のバイオメカニクス的な仕組みを中断させるばかりでなく、動作学の観点からすると腰仙関節と股関節の力学的な機能への弊害も生じます。

### ▢ 腰仙関節

頚の下垂に伴って腰椎の可動性が減少することは、フランス・リヨン国立獣医科大学が行った研究で証明されました。また、フランス・アルフォール国立獣医科大学で追跡調査が行われました。その結果、後肢の踏み込み時に腰椎の動きがある程度制限される代償として、後肢の踏み込み時の脊柱の屈曲では腰仙関節がより重要な役割を担うことが示唆されています（4.13）。脊椎の腰仙関節で棘上靭帯が本質的に脆弱であること、そして棘間靭帯の結合力がゆるいこと、最後の腰椎椎間板に厚みがあることから、腰仙関節での代償的な屈曲が可能になるのです。

スポーツおよび身体鍛錬の観点からすると、腰仙関節の屈曲が増すことにより次の3つの利点が生じます。

- 筋肉の緊張が長く続く結果として、屈曲時における腰仙関節の柔軟性が向上します。
- 脊柱の屈曲により骨盤が下方へスイングして脊柱起立筋を後方へ牽引するとともに、大きな中臀筋を前方へ牽引します。脊柱起立筋と中臀筋が推進力の主たる因子であり、これらの筋肉の伸長を促すことは効率の良い身体鍛錬として有益です。
- 腰椎の動きが制限されることで、腰椎と腰仙関節を屈曲させる筋活動が高まり、その強化に寄与します。これらの筋肉群は、腹壁筋群（主に腹直筋と腹斜筋）と腰下の筋肉です。最も強力な腰下の筋肉は大腰筋と腸骨筋で、これらは大腿骨近位に起始しています。したがって、腰仙関節と股関節の可動性に直接的な影響力をもっているのです。

### ▢ 股関節

腸腰筋による緊張は大腿骨上端に伝わり、腰椎の可動性の制限に対抗して作用します。その結果、後肢の踏み込み時に股関節の屈曲が増すのです（4.1、4.13）。腰仙関節の屈曲とともに、臀筋群が伸長します（4.14）。踏み込み時には膝関節が同時に伸展することで、大腿尾側の筋肉群（大腿二頭筋、半腱様筋、半膜様筋；4.14、4.15）の伸長を導きます。

したがって、諸関節の動きは推進に寄与するすべての筋肉の伸長と連動しており、力強くかつ効果的な推進力の発達につながります。

◀ **4.13　後肢の踏み込みを伴った速歩時の頚の下垂**
胸椎の屈曲がライダーの体重を支える助けとなっている。棘上靭帯と背中の筋肉群が伸展している。腹筋群が収縮して腰仙関節の屈曲を高めている

頚の下垂

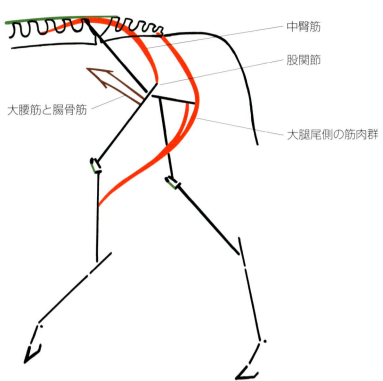

◀ 4.14 後肢の踏み込み時における筋肉の伸長
大腰筋と腸骨筋が求心性収縮を介して後躯を前へ押し出す。中臀筋と大腿尾側の筋肉群が引っ張られて伸長する

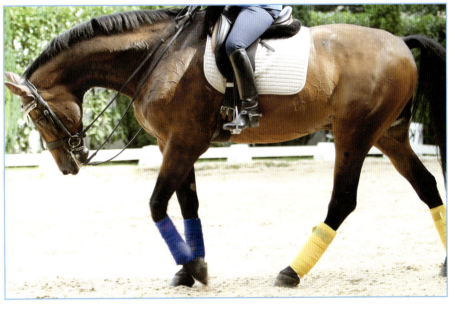

◀ 4.15 後肢の踏み込み時における軸上筋（脊柱より上部の筋肉）と中臀筋、大腿尾側の筋肉群の伸展
推進に寄与するすべての筋肉群が伸びる。左側の腸腰筋がゆっくりとではあるが強く収縮して、左後肢の踏み込みを助ける

## まとめ

　頚を下垂させた運動は様々な利点があることから、馬の体作りに寄与することは明らかです。しかしながら、頚の下垂を過剰に行うと、前肢や脊柱に弊害をもたらすこともあるので、注意するべきです。

　そして究極的には競技馬の調和の取れた体作りのために、これ以降の章で解説するダイナミックな練習方法とともに、頚を下垂させた状態での3種類の歩法（常歩、速歩、駈歩）による運動など、各種の調教方法を組み合わせて鍛錬する必要があることに留意しなければなりません。

体軸方向の動作のバイオメカニクス
# 第5章 後退のバイオメカニクス

　身体鍛錬や筋骨格作りに、そして競技会前のウォームアップとして利用される様々な運動のなかで、「後退」は最も頻繁に行われます。この運動は比較的遅い速度で行われるので、調教や競技で往々にして強いストレスを受けている馬の運動器にもたらすリスクはほとんどありません。しかしながら、後退運動では特定の筋肉群が使われるため、様々な競技種目において優れた準備運動となります。さらに運動時の馬のバランス制御能力を強化し、収縮歩度の習得と発達にとって貴重な鍛錬手段となります。

　後退は空中期のない左右対称性の斜対肢歩行です（5.1、5.2）。そのため、前駆と後駆のバイオメカニクスに分けて考えます。

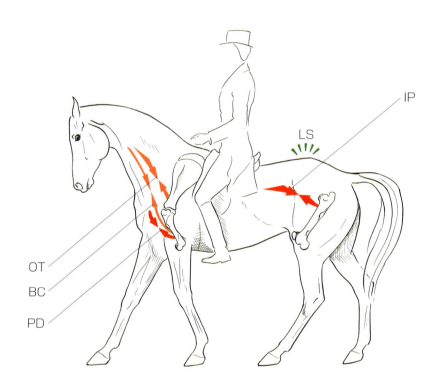

▶5.1　後退のバイオメカニクス
馬体の左側では、腸腰筋が最大に求心性収縮し、腰仙関節の屈曲を誘導する。これに続いて前駆の筋肉群が始動し、ここで示す伸びた状態にある筋肉が頚を後方へ引っ張る
OT：肩甲横突筋、BC：上腕頭筋、PD：下行胸筋、IP：腸腰筋、LS：腰仙関節の屈曲

▶5.2　後退時における斜対肢の動き
左前肢の後方への伸長ではじまり、右前肢の後方伸長で終わる。すなわち右斜対肢の伸長は左後肢の後方への強い踏み込みで終える。大腿四頭筋がゆるむ。左斜対肢に荷重がかかり、まず左前腕の伸筋群が収縮して腕関節を伸展する。右後肢が屈曲し、そして伸長しはじめて馬体を後方へと動かす

## 前躯のバイオメカニクス

後退は、前肢のバイオメカニクスと頭頸部のバランスシステムの2つに分けて解説していきます。通常歩行とは逆に、前肢の前方への伸長は体重の負重時（スタンス期）に生じて、馬体を後方へ押し出します。肢の後方への引き戻しはスイング期に生じて、蹄尖で着地するよう導きます。

### ▫ 前肢の伸長

この動きは肩甲骨の下部が前方へ振り出されてはじまります。肢の残りの部位は伸筋群の、主に橈側手根伸筋の等尺性収縮によって、伸展状態が維持されます（5.3 写真）。前肢の伸長の終わりには、棘上筋が肩関節（肩端）を開いて肢の可動域を広げます（5.3 図）。

### ▶ 肩関節の伸展

肩甲骨が前へ振り動かされることで、前肢の振り出しと滑動が生じます。通常の前進歩行でのスイング期に肢を前方へ運ぶのと同じ筋活動で、肩甲骨の振り出しがもたらされます。ただし、後退の場合は肢が地面に着いているので、肢を伸長させることで馬体が後方へ動くことになります。

下行胸筋は肩関節の伸展の前半で作用し、上腕頭筋と肩甲横突筋はこの動き全般を通して働きます。肩甲骨の上端は、胸部僧帽筋と胸部腹鋸筋により後方へ倒れた位置に固定されます（5.3 図）。

胸部僧帽筋と胸部腹鋸筋は肢が固定された時点から通常とは逆方向へと作用し、固定された肢が馬体を動かします。運動方向の逆転と馬体全体の移動は、前進運動よりも肢の伸長に関わる筋肉群への負荷が一段と高まります。胸部僧帽筋と胸部腹鋸筋は、通常の肢の伸長期と、障害飛越での前肢の屈曲と引き上げに、大きな役割を果たします。そのため後退は、筋肉群の活力と効率を向上させ、様々な運動の訓練として有用なのです。また、体の制御を発達させるのに有用な身体鍛錬運動であり、他の練習方法の補助になります。

 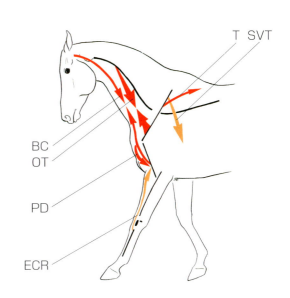

▲5.3　前肢の伸長
写真：下行胸筋と上腕頭筋、肩甲横突筋の作用による左前肢の伸長の終盤。肩関節を伸展し、肘を振り出させるのは、主に棘上筋の求心性収縮による
図：上腕頭筋、肩甲横突筋、下行胸筋は逆に作用し、頭頸を後方へ引っ張る
BC：上腕頭筋、OT：肩甲横突筋、PD：下行胸筋、ECR：橈側手根伸筋、T：僧帽筋、SVT：胸部腹鋸筋

## 体軸方向の動作のバイオメカニクス

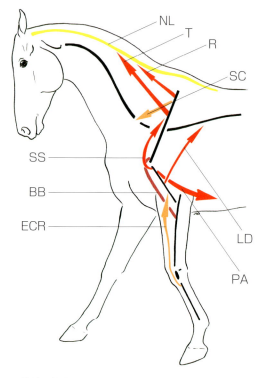

▲5.4 前肢の後方への引き戻し
図：着地の瞬間。橈側手根伸筋が前腕と管部の並びを再調整する。上腕二頭筋は肩と肘を安定させる
写真：上行胸筋と広背筋が収縮して左前肢が屈曲し、後方へ引き戻される。腕関節が伸展して、蹄尖の着地を促す
SS：棘上筋、BB：上腕二頭筋、ECR：橈側手根伸筋、NL：項靭帯、T：僧帽筋、R：菱形筋、SC：頚部腹鋸筋、LD：広背筋、PA：上行胸筋

### ▶ 下脚部の伸展

下脚部の伸展には、主に肘から下にある骨格の並びを維持する作業が関わります。この動作では、すべての伸筋群のうち、最も強力な橈側手根伸筋が下脚部の伸展時に諸関節を固定します。

### ◻ 前肢の後方への引き戻し

前肢の後方への引き戻しは、肢が負重していない時期に生じます。この動きによるストレスは前進歩行の場合に比べてかなり少なく、求められる作用は減るかもしれませんが、「後退」ではよりいっそうのコントロールが求められるため、正確な後退を行うことで筋肉群が鍛えられるのです。全体としてみると、肢の引き戻しは諸関節の屈曲を伴った肢全体の後方へのスイングではじまり、次いで肢が後方へ伸長して、着地します（5.4）。

### ▶ 肩関節の引き戻し動作

肢の引き戻しの度合いで、後退時における肢の動き全般が決まります。菱形筋と僧帽筋、頚部腹鋸筋が肩甲骨上端を引っ張り、それと同時に広背筋と上行胸筋が上腕骨を後方へ引っ張ります（5.4写真）。前進運動に要する筋力と比べると、これらの強靭な筋肉群のバイオメカニクス的な関与は比較的弱いものです。しかしながら正確で明瞭な動きが求められるため、協調運動の発達に役立つのです。

### ▶ 前肢の屈曲

三角筋、大円筋、上腕三頭筋が肩関節に作用し、上腕二頭筋が肘関節に働きかけ、そして手根屈筋と指屈筋が下脚部の関節に作用する結果、同時性の肢の屈曲が起こります。

### ▶ 前肢の伸長

前肢の伸長は肩関節の引き戻し動作に続いて起こり、肢の着地を容易にします（5.4 図）。この動きは棘上筋（肩）と上腕三頭筋（肘）、そして手根屈筋と指屈筋によるものです。前肢の伸長の終盤では、橈側手根伸筋がきわめて強く収縮します。橈側手根伸筋は、通常であれば肢を前へと動かします。また、障害飛越時には肘関節を屈曲させて前肢の引き上げを助け、飛越後の着地および通常歩行での体重負荷時には、手根骨を固定する役割を果たします。さらに、橈側手根伸筋は、後退時には肢を伸ばした状態を維持するように働きます。そのため、後退運動は橈側手根伸筋の強化に役立ちます。

後退時の前肢の伸長のはじめには、肘関節の角度が上腕二頭筋の積極的な収縮で制御されます。また上腕二頭筋は、障害飛越時の前肢の引き上げにも役立っています。

## 後躯のバイオメカニクス

後退時の後躯のバイオメカニクスは、伸長と引き戻しの2つの動作に分けて解説します。また、そのバイオメカニクス的な作用と利点についてもスポーツの観点から解説します。

### ☐ 後肢の伸長

股関節の屈曲に助けられて後肢が伸長し、膝関節と飛節が伸展します（5.5）。

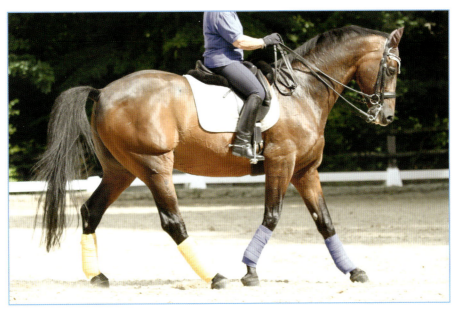

▲5.5　後退における斜対肢の動き
斜対肢の伸長の終末には、右後肢を目一杯に踏み込んで左前肢が十分に伸展している。後退の動きは全般的に、腸腰筋の作用を介して左後肢が踏み込むことで持続される。これが馬体を後方へ引っ張る

### ▶ 股関節の屈曲

腸腰筋（大腰筋と腸骨筋）の作用で股関節が屈曲をはじめ、大腿筋膜張筋と大腿直筋が股関節の屈曲を助けます（5.1、5.2、5.5、5.6）。股関節の屈曲では、大腰筋の役割が際立っています。大腰筋は腰仙関節の屈曲を誘導して中臀筋を伸ばし、後

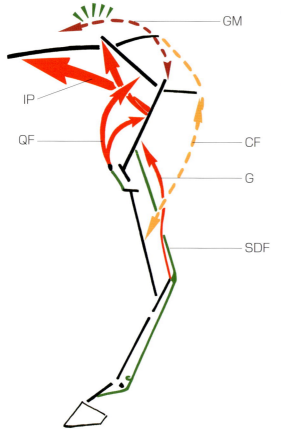

#### ▲5.6　後肢の伸長

写真：左後肢の伸長の終盤。腸腰筋の作用で股関節と腰仙椎結合部が屈曲して、左後肢が踏み込む。左前肢が伸長しはじめる。橈側手根伸筋が腕関節を伸ばすことで前肢が安定し、頚を後方へ引っ張る前躯の筋肉群の働きを助けている

図：腰仙関節と股関節が屈曲し、腸腰筋が体幹を後方へ引っ張る。この屈曲が中臀筋の伸長を促す。股関節の屈曲と膝関節の伸展で、大腿尾側の筋肉群が伸びはじめる

IP：腸腰筋、QF：大腿四頭筋、GM：中臀筋、CF：大腿尾側の筋肉群、G：腓腹筋、SDF：浅趾屈筋と浅趾屈腱

後退のバイオメカニクス

肢の踏み込みを助けます（**5.5、5.6**）。

後退の動作がもつ主な利点の1つは腸腰筋の関与です。腸腰筋は、腰仙関節全体の靭帯や筋肉の柔軟性を高めます。競技の観点からすれば、腰仙関節の可動性は欠くことのできない要素であり、後退時にはその可動性が際立ちます。通常の前進運動では、後肢の踏み込みを助けるために馬体が収縮するのと同じ側へ肢を動かすのみです。しかし、後退では馬体の進行方向が逆転するため、馬体全体を引っ張るべく大腰筋の負荷は増加します。したがって、後退は大腰筋の発達と強化には欠かせない運動なのです。

後退運動には複数の利点がありますが、適切にウォームアップしてから行うべき運動です。胸腰椎結合部周囲の筋炎に罹患して回復途中にある馬の場合は、炎症を起こしている筋肉へ余分なストレスをかけないようにするため、後退運動は禁忌です。

後退での股関節の屈曲時に大腿筋膜張筋の助けを得て、大腿尾側の筋肉群（特に大腿二頭筋前枝）は伸展します。それにより膝蓋骨の上方固定（脱臼）が改善され、膝蓋骨の解放を助けます。この膝蓋骨の上方固定のような現象は肢のメカニカルな過伸展を引き起こし、馬体の動きが損なわれ、時に胸腰椎結合部周囲の筋炎と混同されることもあります。

### ▶ 後肢の伸長

後退での後肢の伸長時に作用する筋肉群は、通常の前進歩行におけるスタンス期に肢を支える筋肉と同じです（**5.6、5.7写真右**）。大腿四頭筋が膝関節の伸展を維持し、腓腹筋と浅趾屈筋が飛節を伸ばし、趾屈筋と繋靭帯の張力によって球節が支えられます。股関節の屈曲と膝関節の伸展で大腿尾側の筋肉群が伸長します。

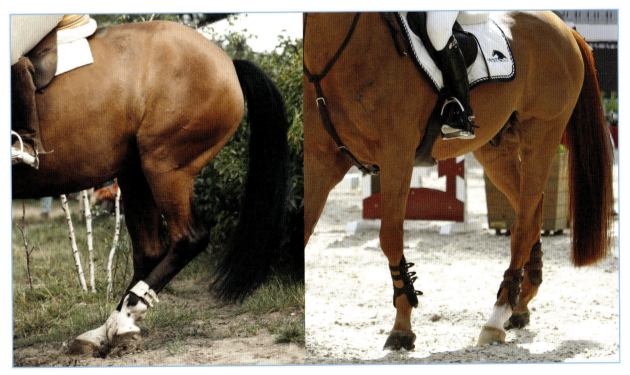

▲5.7　後肢の伸長
写真左：後退の初期段階。後肢がきわめて強く踏み込み、腰仙関節が屈曲していることに注目。腹壁筋群の関わりは弱く、腰仙関節の屈曲の主な作用筋は腸腰筋であることが分かる
写真右：左後肢の伸長終盤。大腿四頭筋が膝関節の伸展を導き、膝蓋骨を上方へ引っ張る

## 体軸方向の動作のバイオメカニクス

### ❑ 後肢の引き戻し

バイオメカニクスの観点からすると、後肢の引き戻しは理解しやすい動作です。諸関節が屈曲してから肢が後方へ伸びます（**5.7 写真左、5.8**）。

### ▶ 諸関節の屈曲

諸関節の屈曲における股関節の屈曲は、大腿筋膜張筋と大腿直筋の作用のみによるものです。この状況では、肢の後方移動を妨げないよう腸腰筋は活動しません。力強い大腿尾側の筋肉群が膝関節を屈曲させ、相反連動構造（Part1 第2章参照）を介して飛節と下脚部が自然と屈曲します。

### ▶ 後方への後肢の伸長

中臀筋が収縮することで後肢全体が後方移動します（**5.7**）。大腿四頭筋が膝関節を伸ばすと、相反連動構造を介して飛節の伸展が促されます。腓腹筋は飛節の伸展を助け、一方では趾伸筋群が趾骨を伸展させて蹄尖の着地を促します。

膝関節と飛節が同時に屈曲する一方で、球節と趾骨が伸展しますが、それはバイオメカニクスの観点から非常に難しい動作でもあります。なぜなら膝関節が屈曲すると自然に下脚部の諸関節も屈曲する傾向（Part1 第2章参照）にあるからです。この連動する動作に対して伸筋群が抵抗し、

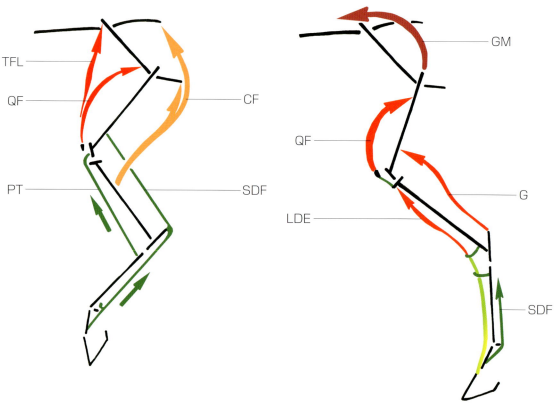

▲5.8 後肢の引き戻し
大腿尾側の筋肉群の作用により膝関節が屈曲しはじめると（左図）、第三腓骨筋を介して自ずと飛節が屈曲し、浅趾屈腱によって下脚部の関節が屈曲する。中臀筋の求心性収縮（股関節の伸展）、大腿四頭筋の求心性収縮（膝関節の伸展）、そして腓腹筋の求心性収縮（飛節の伸展）によって、後肢が後方へ伸びはじめる（右図）。長趾伸筋は蹄を伸ばして趾関節の屈曲を防ぐ
TFL：大腿筋膜張筋、QF：大腿四頭筋、PT：第三腓骨筋、CF：大腿尾側の筋肉群、SDF：浅趾屈筋と浅趾屈腱、LDE：長趾伸筋と長趾伸筋腱、GM：中臀筋、G：腓腹筋

下脚部の関節を伸展させているのです。したがって後退は、飛節と後肢の正面に多発する外傷の回復過程で、趾伸筋を鍛え直すツールとしても利用できます。

　後退のもう1つの難しい点は、馬が視覚的に後方の路面を認識できないことです。つまり、後退運動では馬は肢の着地を感覚的に制御しなければなりません。この感覚を発達させることで、後肢の動きの正確さが磨かれます。

## まとめ

　後退運動は神経学的に、バイオメカニクス的に、そして予防的観点からいくつもの利点があります。後退運動によって馬は体の様々な部位の位置取りや変位をいっそう意識するようになり、相乗的な筋活動とその連続性を再構築することで運動の調整能力が高まります。バイオメカニクスの観点からすると、後退は後肢の踏み込みに欠かせない2つの要素、すなわち腸腰筋を強化し、腰仙関節の柔軟性を高めます。また、障害飛越後の着地で大切な前肢の強化を助けます。馬車馬の場合は、速度を落とし、あるいは停止する動作のための身体鍛練になります。

　後退は速度が遅く、バイオメカニクス的なストレスも少ないがゆえに、このような利点があるのです。したがってこの運動を合理的に利用する（ウォームアップを行った後に適用し、また過剰に行わない）ことで、様々な競技種目の多くの競技馬たちに有益なことは確かです。ただし、胸腰椎結合部周囲の筋肉の炎症を生じて間もない馬に適用するのは避けるべきです。

# Part 3：
# 側方運動のバイオメカニクス

第6章　前肢
第7章　後肢
第8章　脊柱と体幹の筋肉
第9章　ハーフパスと「肩を内へ」の
　　　　バイオメカニクス
第10章　側方運動の利点と欠点

側方運動のバイオメカニクス
# 第6章 前肢

本章では、バイオメカニクスの観点から最も技術的な概念に関わる側方運動について解説します。スポーツという観点から、側方運動には複数の利点があり、外転筋と内転筋の両方に働きかけ、肩や臀部のバランスと柔軟性が養われます。しかしながら、その機能解剖学的な解釈や一連の動きのメカニズムは十分に理解されているとはいえません。

これらの要素を理解して馬の体作りに取り入れるためには、側方運動に関与する主要な筋肉群について知っておくことが重要です。また、速歩でのハーフパス（6.1）や「肩を内へ」のような単純な側方運動のバイオメカニクスを理解することも重要です。本章の目的は馬の動きをよりいっそう理解し、競技馬の調教に弊害となるような練習ではなく、効果的な調教を選択できるようになることです。側方運動のバイオメカニクスについて前肢を本章、後肢を第7章、脊柱と体幹の筋肉を第8章で解説します。

▲6.1 右への速歩ハーフパス
前肢が外転して胸筋が伸びると同時に、腸腰筋と大腿部内側の筋肉が求心性収縮することによって後肢が内転する

## 筋肉群と関節

肢が側方へ動くと体は横へ移動します。肢が正中線へ向かって（あるいは対側肢の方向に向かって）動くことを内転、逆に肢が外方へ向かって動くことを外転といいます。

この肢の動きは体幹に最も近い肢関節、すなわち前肢の肩関節と後肢の股関節の働きがあって初めて可能になります。このいずれの関節でも、側方運動では同時に関節内でのローテーションも起こります。肩関節や股関節よりも遠位にある関節（前肢の肘関節と腕関節、および後肢の膝関節と飛節）の動きは、屈曲や伸展に限られています。このような肩関節や股関節よりも遠位の関節では、関節の形状や関節の内外側に付着する強靭な靭帯による制約を受けて側方への動きが不可能です。

側方運動では、肩関節や股関節を側方へ動かすことができる筋肉だけが活動を促され、結果として内転筋と外転筋が横への動きに順応して柔軟となり、協調した動きが可能になります。本章では、側方運動において重要な前肢の内転筋と外転筋について重点的に説明します。

### □ 前肢の外転筋と内転筋 （6.2、6.3）
▶ 外転筋

外転筋は、肢を正中線から遠ざかるように動かします。前肢の外転には4つの筋肉が働きます。僧帽筋と菱形筋が肩甲骨上端を正中線方向へ引っ張り、これによって肢の下部が外方に振られます。他の2つの筋肉、三角筋と棘下筋は肩甲骨に起始して上腕骨外側面に停止します。これらの筋

前肢

▶6.2 側方運動に関わる前肢の筋肉群（外側面図）

**内転筋**
PD：下行胸筋、PT：横行胸筋、PA：上行胸筋

**外転筋**
IS：棘下筋、D：三角筋、R：菱形筋、T：僧帽筋

**スタンス後期（推進期）に働く筋肉**
PA：上行胸筋、LD：広背筋、TB：上腕三頭筋

**伸長期（スイング期後半）に働く筋肉**
BC：上腕頭筋、OT：肩甲横突筋、SSP：棘上筋

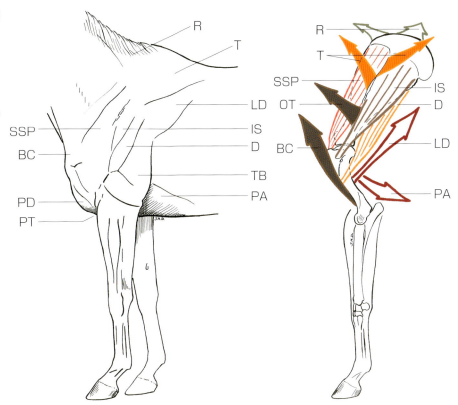

▶6.3 側方運動に関わる前肢の筋肉群（正面図）

**内転筋**
PD：下行胸筋、PT：横行胸筋、SBS：肩甲下筋

**外転筋**
IS：棘下筋、D：三角筋、R：菱形筋、T：僧帽筋

**伸長期に働く筋肉**
BC：上腕頭筋、TB：上腕三頭筋

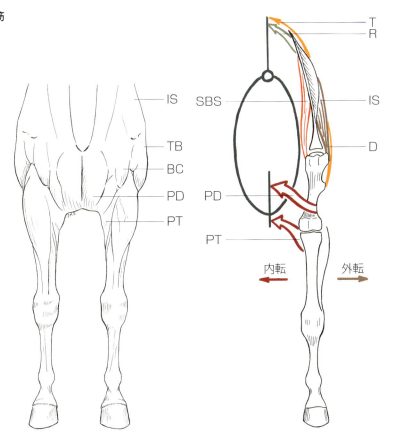

73

肉は上腕骨の外転（およびわずかな外方へのローテーション）を誘導しています。

### ▶ 内転筋

内転筋は解剖学的な位置や、強靭さ、停止部位からみて、外転筋よりも効率良く働きます。内転筋の一種である下行胸筋と横行胸筋は、胸骨と上腕骨の遠位部との間をつないでいます。第3の内転筋である肩甲下筋は働きがやや弱く、肩甲骨の裏面に位置しています。

胸郭の形状や、胸郭と肩甲骨が密着・平行していることから、ストライドのスタンス後期（推進期）には、肢の内転は難しくなります。したがってスタンス後期には、上腕骨が腹側へ動いて、さらにローテーションした場合にのみ内転が起こります。その結果、肩関節の先端が下がり、肘関節が持ち上がります。こうして肢が正中線方向へ傾斜するのです。

## 側方運動における前肢の運動学的解析

側方運動に関与する馬体構造を説明したところで、ハーフパスと「肩を内へ」について解説します。他の側方運動（前肢旋回、ターン・オン・ザ・ホンチズ*、ピルーエット）も基本的には同じ筋骨格系の働きが関与していますが、その組み合わせは異なり、別の動作になります。

常歩あるいは速歩での側方運動は、明確に2つの期間に分かれます（**6.4**、**6.5**）。

- 外転（開脚）期では、側方運動の進行方向側にある肢が正中線から離れます。それと同時に荷重している対側肢が正中線とは反対の方向に地面を押して、馬体を側方運動の進行方向へ移動させます。

- 内転（交差）期では、側方運動の進行方向側の肢が体重を支え、馬体を進行方向側へ引っ張ります。対側肢は荷重せず、その肢の（着地直前の）伸長期には、進行方向側の肢の前で交差します。

いずれの場合も筋骨格系は動きに応じて特化した働きをします。

---

＊監訳注

ターン・オン・ザ・ホンチズ：内方後肢をその地点の近くに維持しつつもその周りを明確な四節で踏歩しながら回転すること。この運動項目の詳細は、国際馬術連盟 馬場馬術規程第25版（和訳併記版：公益社団法人 日本馬術連盟発行）第413条に記載あり。

前肢

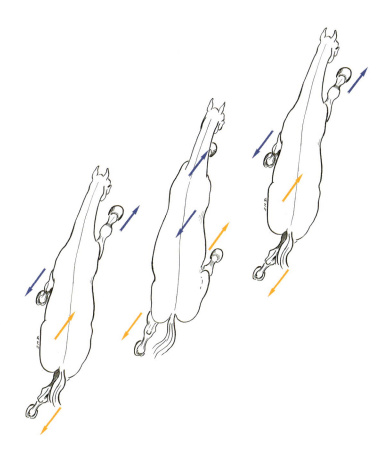

◀ 6.4　右への速歩ハーフパスにおける四肢の動き（背面図）

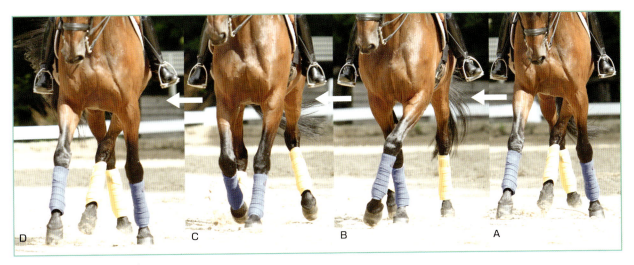

▲ 6.5　右への速歩ハーフパス

**左前肢の動き**
　A、B：下行胸筋と横行胸筋が求心性に収縮し、左前肢がスイング期（非負重期）に内転する。C、D：負重期に三角筋と棘下筋の働きで左前肢が外転し、馬体は右方向へ移動し続ける

**右前肢の動き**
　B：右前肢が荷重し、上行胸筋の働きで内転する。C、D：棘下筋の作用で右前肢が外転する

75

側方運動のバイオメカニクス

## ❏ 外転（開脚）期（6.5～6.8）

　僧帽筋と菱形筋は肩甲骨上部に起始し、肩甲骨下部を外方へ動かす筋肉ですが、これらが求心性収縮（短縮化）することで進行方向側の非荷重前肢が外転します。この収縮に続いて三角筋と棘下筋が動きだし側方への動きがはじまり、上腕骨が外方へローテーションします。下脚部は肢の上部の側方への動きに導かれて動きます。その動きの度合いは胸筋群、特に下行胸筋と横行胸筋の伸びと柔軟性によって異なります。

　荷重した前肢が外転することで前駆の側方への動きが持続します（6.6～6.8）。これは僧帽筋、菱形筋、三角筋、棘下筋の働きですが、収縮するのは主に僧帽筋と菱形筋の頚部です。しかし最も大きな役割を果たしているのは、三角筋と棘下筋の収縮なのです。それらの筋肉による上腕骨の外方へのローテーション効果は、上行胸筋と背最長筋による強力な内方向への牽引と協調して推進力を生み出しているのです。これが内転筋（下行胸筋と横行胸筋）の強い伸展をもたらします。

　つまり側方運動における前肢の外転は、肩とキ甲の側面にある筋肉（棘下、三角筋、僧帽筋、菱形筋）の発達を促し、胸筋（特に下行胸筋と横行胸筋）の伸展性と柔軟性を培うのです。

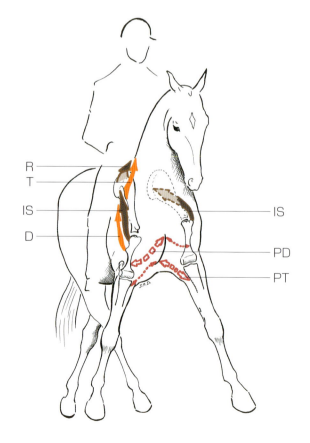

▲ 6.7　左への速歩ハーフパス
まず棘下筋と三角筋が求心性に収縮して左前肢の外転がはじまる。棘上筋の収縮で肩が外方に開く

◀ 6.6　前肢が外転する時の筋活動
**求心性収縮する外転筋**
　IS：棘下筋、D：三角筋、R：菱形筋、T：僧帽筋
**伸展する内転筋**
　PD：下行胸筋、PT：横行胸筋

側方運動は、馬体の左右両側で同じ種類の筋肉群が働きます。しかし、その動きは同等ではないので、左右の側方運動を取り入れながらこれらの筋肉群を左右均等に鍛錬する必要があります。

胸筋群の伸展性を高めることで、前肢が胸郭から独立して動くようになり、ストライドを伸ばすことにつながります（6.9）。

▲ 6.8　左への速歩ハーフパス
前肢の外転（開脚）により下行胸筋と横行胸筋（左右の写真）、そして上腕頭筋が伸展する。後肢では内転筋である恥骨筋と半膜様筋の求心性収縮によって内転（交差）が起こる
1：横行胸筋、2：下行胸筋、3：上腕頭筋

◀ 6.9　伸長速歩の空中期
ストライドの大きさは胸筋群の柔軟性と伸展性によって決まる。胸筋群の柔軟性と伸展性は側方運動、特に外転を伴う運動によって向上する

## 側方運動のバイオメカニクス

### ❏ 内転（交差）期（6.10、6.11）

横行胸筋と主に下行胸筋のダイナミックな求心性収縮によって、側方運動の進行方向とは反対側の非荷重肢が内転します。これらの筋肉収縮は上腕骨を内方へローテーションさせ、その大きさ（程度）によって前肢の交差と振り幅の大きさが決まります。上腕骨のローテーションは、肢の伸長と相まって三角筋と棘下筋、上腕三頭筋を伸ばします。

ストライドのスタンス期（負重期）には、上行胸筋と広背筋の収縮とともに横行胸筋の求心性収縮によって進行方向側の肢が内転します。これが前肢の大きな推進力になるのです。肩甲下筋も肩関節の内転を助けます。内転は三角筋と棘下筋を伸ばします。

側方運動における前肢の内転と交差には、横行胸筋と下行胸筋の強い求心性収縮が必要です。これらの筋肉を強化することで、馬はピルーエットなどのより複雑な動きができるようになります（6.12）。胸筋群の収縮は、障害飛越での前肢の「引き上げ」にも寄与しています（6.13）。この時の腕関節（前膝）と肘関節の屈曲は、屈筋群（主に上腕二頭筋）の働きによるものです。下行胸筋の強い収縮で上腕骨（上腕部）と肩が持ち上げられます。下行胸筋の停止部の関係により、上腕骨が同時に内方へローテーションし、両前肢の先端部を接近させながら引き上げるのです（6.13で見られるように）。側方運動中の前肢の内転は、三角筋と上腕三頭筋を引き伸ばします。結論として、側方運動の前肢の内転動作は、障害飛越後の着地に先駆けて関節を伸展させるために、欠かせない運動といえます（6.14）。

▶ 6.10　前肢内転時の筋活動
**求心性収縮している内転筋**
　PD：下行胸筋、PT：横行胸筋、PA：上行胸筋、SBS：肩甲下筋
**伸展している外転筋**
　IS：棘下筋、D：三角筋

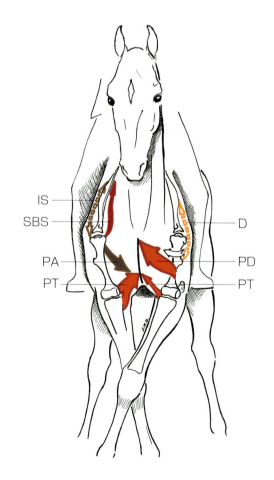

前肢

▲ 6.11　右への速歩ハーフパス
下行胸筋と横行胸筋の力強い求心性収縮（短縮化）によって、前肢は内転する。左肩の側面で外転筋（三角筋と棘下筋）が伸びていることに注目

▲ 6.12　ピルーエット中の前肢の内転
きわめて強い下行胸筋の求心性収縮に注目

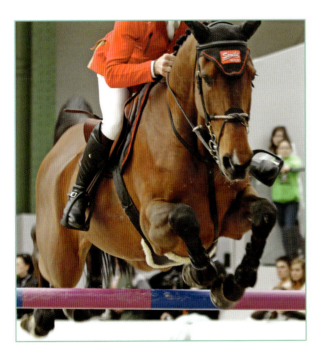

▲ 6.13　障害飛越時の前肢の「引き上げ」と内転
前肢の引き上げ、内転は、ともに下行胸筋が最大限に求心性収縮することで起こる

▲ 6.14　障害飛越後の着地準備における前肢の伸展
三角筋と上腕三頭筋が伸びていることに注目

側方運動のバイオメカニクス

## まとめ

　本章では側方運動が優れた基本的な課題であり、様々な筋肉の伸展（求心性収縮および遠心性収縮）を求めることで肩の外側を覆う筋肉群や胸筋群を発達させ、柔軟性を高めることを解説してきました。このような筋肉を動かすことで、障害飛越での前肢の「引き上げ」やピルーエットのような特殊で複雑な動きが改善されます。前肢の側方運動は、主として肩関節における内転 – 外転という一連の動きとローテーションが組み合わさって起こるダイナミックな動きなのです。

側方運動のバイオメカニクス
# 第7章 後肢

　側方運動をすることによって後肢の動きが良くなり、様々な運動ができるようになります。それは関節の可動域を変化させ、後肢を横に動かす筋活動を改善させるためです。側方運動は馬の様々な動作性とバランスを多角的に強化します。

## 筋肉群と関節

　側方運動とは四肢の随意運動によるものです。第6章で述べたように、肢が正中線に向かって動くことが内転であり、また肢が正中線から遠ざかる動きを外転と呼びます（7.1、7.2）。

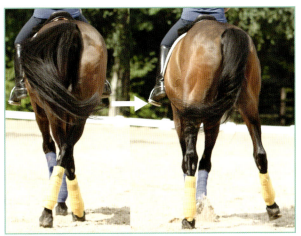

◀ 7.1　右への常歩ハーフパス
写真左：左後肢が十分に踏み込み、右後肢が推進し、顕著な両後肢の内転がみられる
写真右：左後肢の外転により、右後肢の推進と伸長（踏み込み）が助長されている

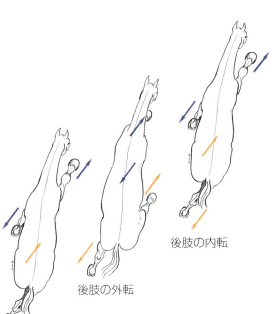

◀ 7.2　右への速歩ハーフパスにおける後肢の外転と内転

## 側方運動のバイオメカニクス

後肢の側方への動きは、股関節が働くことで初めて可能になります。股関節よりも下の関節（膝関節と飛節）は屈曲と伸展のみが可能であり、いかなる側方への動き（外転あるいは内転）もできません。これは関節面の形状や関節両側に強靭な側副靭帯があるためです。したがって側方運動では、股関節を外方あるいは内方へ動かせる筋肉（外転筋あるいは内転筋）だけが活動するのです。これらの内転筋と外転筋は、骨盤または大腿骨に付着しています（7.3）。側方運動によってこれらの筋肉が強化され発達し、伸展します。

### ❏ 後肢の外転筋と内転筋（7.3、7.4）
#### ▶ 外転筋

外転筋は基本的に臀筋群で構成されており、そのうち最も強いのは中臀筋です。主に推進時に活動し、テコの腕（支点～力点）となる大転子に付着します。中臀筋は大腿骨下部、そしてそれより下の肢を馬体の正中線から遠ざかるように動かします（外転）。この作用はストライドのスタンス後期（推進期）に最も顕著になります。深臀筋は中臀筋よりも力では劣りますが、肢の外転に特化しており、外転時に最も働く筋肉です。深臀筋は肢の伸長期（踏み込み時）にも大転子のテコに作用します。

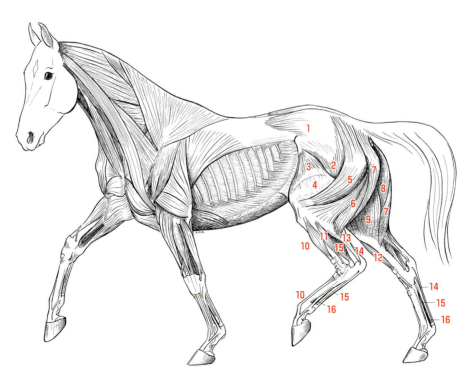

▲ 7.3　骨盤と後肢の筋肉

**外転筋**
　1：中臀筋、2：浅臀筋、5：大腿二頭筋前枝、6：大腿二頭筋後枝（5＋6＝大腿二頭筋）
**内転筋**
　8：半膜様筋、9：薄筋と内転筋
**大腿頭側の筋肉群**
　3：大腿筋膜張筋、4：大腿四頭筋
**大腿尾側の筋肉群**
　7：半腱様筋
**下腿頭側の筋肉群**
　10：長趾伸筋、11：外側趾伸筋、12：頭側脛骨筋
**下腿尾側の筋肉群**
　13：腓腹筋、14：浅趾屈筋と浅趾屈腱、15：外側趾屈筋（15'の深趾屈腱に大きく寄与する）
**中足部と趾節の筋肉と腱**
　14：浅趾屈腱、15'：深趾屈腱、16：繋靭帯（第三中骨間筋）

# 後肢

### ▶ 内転筋

内転筋は数多くあり、大腿部の内側に位置します。内転筋が収縮すると、大腿骨は馬体の正中線方向へ引っ張られます（内転）。大内転筋はストライドのどの時点でも作用します。スタンス後期には半膜様筋が肢を内転させ、踏み込み時には恥骨筋と腸腰筋が肢を内転させます。

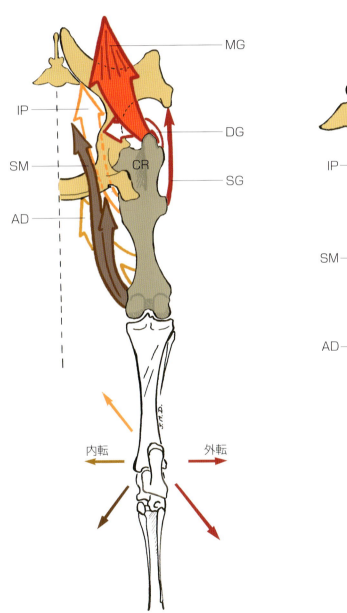
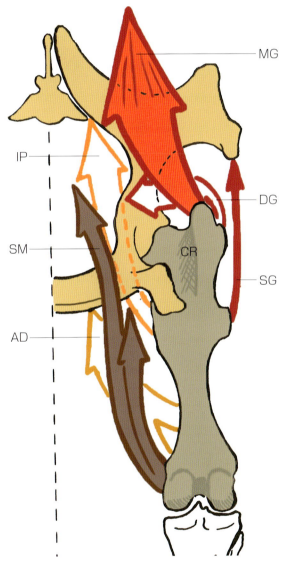

▲ 7.4 後肢の外転筋と内転筋

**外転筋**
　MG：中臀筋、DG：深臀筋、SG：浅臀筋
**内転筋**
　IP：腸腰筋、SM：半膜様筋（起始部は坐骨と仙骨の2頭に分かれる）、AD：内転筋（起始部は大内転筋と短内転筋の2頭に分かれる）
**大腿骨頭の回転中心：CR**

側方運動のバイオメカニクス

# 側方運動における後肢の運動学的解析

常歩あるいは速歩における側方運動は、大きく2つの動作に分けられます（7.1、7.2）。

- 外転（開脚）期には進行方向側の後肢は体重を荷重せず、正中線から遠ざかります。荷重肢は外転することで正中線から離れ、馬体を側方運動の進行方向へ移動させます。
- 内転（交差）期には進行方向側の後肢が荷重し、その内転によって進行方向へ馬体を引っ張ります。反対側の肢は荷重せず、進行方向側の後肢の前を交差して踏み込み、着地します。駈歩（7.5）では手前後肢の内転はスタンス後期に起こり（反手前後肢の伸長期）、外転は反手前後肢のスタンス後期に起こり手前後肢が伸長します。

いずれの場面でも求められている動きに特化した筋肉が働きます。

交互に出現する後肢の運動（外転時には両後肢が離れて開脚し、内転時には交差する）をもたらすこの相反する2つの動作について考えてみましょう。後躯を側方へ動かすには股関節の働きが不可欠です（Part1 第2章参照）。下脚部は大腿骨に誘導されて動きます。膝関節や飛節は、どのようなローテーションや側方屈曲もできません。これらのことを踏まえ、外転期と内転期に分け解説していきます。

## ◻ 外転（開脚）期（7.6）

馬では、股関節の側副靱帯が後肢の開き加減と股関節の外転（開脚）を制限しており、これによって馬の横蹴り（カウキック：牛蹴り）を防ぎ、後方への蹴りにつなげています。ただし、この靱帯は、側方運動時には様々な筋肉の働きによって生み出される外転をある程度まで可能にしています。

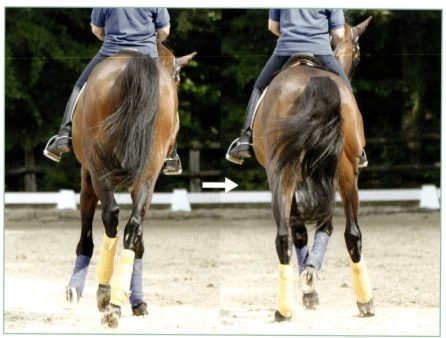

◀ 7.5　右への駈歩ハーフパス

写真左：ストライドの空中期がはじまる段階での後肢の顕著な内転

写真右：右後肢（手前後肢）の踏み込み（伸長期）時の外転。大腿尾側の筋肉群の伸びに注目。左後肢は臀筋群の働きによって外転と推進を兼ねた動きをしている

側方運動では、進行方向側の肢（先行肢）がスイング期（非負重期）に外転します。この外転は、大腿筋膜張筋と深臀筋の求心性収縮（短縮化）によって可能になり、同時に腸腰筋が収縮して肢が踏み込みます。またこれによって大腿骨、そして膝関節の外方ローテーションが生じて半膜様筋を緊張させます。外転の動きの大きさは内転筋の伸展度合いによって決まります。

側方運動の進行方向とは反対側の荷重肢（後続肢）が外転することで推進力が生まれます。中臀筋の強靭な働きによって、外転と推進という2つの動きが組み合わされるのです。中臀筋は大転子のテコに働きかけ、大転子を前中央方向へ動かします。この力は股関節の回転中心の真上で生じるので膝関節を後方へ押しながら、正中線から遠ざかります。大腿二頭筋前枝と深臀筋もこの動きを助長します。

大腿骨の下部が後方および側方へ動くことで、大腿骨内側にある腸腰筋と恥骨筋といった内転筋が伸展するのです。

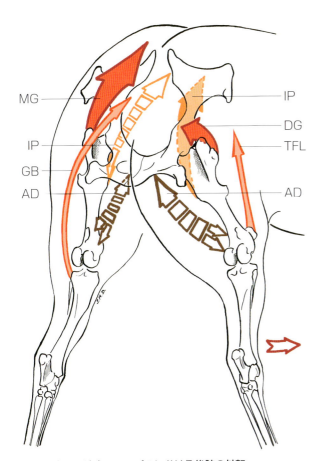

▲ 7.6　右への速歩ハーフパスにおける後肢の外転

**求心性収縮している外転筋**
　MG：中臀筋、DG：深臀筋、GB：大腿二頭筋
**伸展している内転筋**
　IP：腸腰筋、AD：内転筋（大内転筋と短内転筋）
**右後肢を伸長させる筋肉**
　IP：腸腰筋（右）、TFL：大腿筋膜張筋

## 側方運動のバイオメカニクス

### ❏ 内転（交差）期（7.7〜7.9）

内転は内転筋ばかりでなく他の筋肉群の作用も加わって起こりますが、場合によっては拮抗した筋肉の働きによっても起こります。

側方運動の進行方向とは反対側の後肢（後続肢）の内転と、それに続く踏み込みは、ストライドのスイング期に起こります。腸腰筋（主に肢の踏み込みに寄与する）と内転筋群、恥骨筋の求心性収縮および同期性収縮によって肢が内方へ移動（内転）します。肢の内転によって、中臀筋と深臀筋、そして大腿二頭筋群が伸展します。

側方運動の進行方向側の荷重後肢（先行肢）が内転するには、拮抗筋の働きが必要になります。外転筋として中臀筋が効果的に働いて股関節が伸展し、肢の推進力が生まれるのです。肢が内方へ動くのも大腿部の内転筋群と半膜様筋の収縮によるものです。このような筋肉の収縮で大腿骨が内方へローテーションし、飛端が外方に向きます。骨盤につながる大腿骨のローテーションによって深臀筋と大腿筋膜張筋が伸展します。

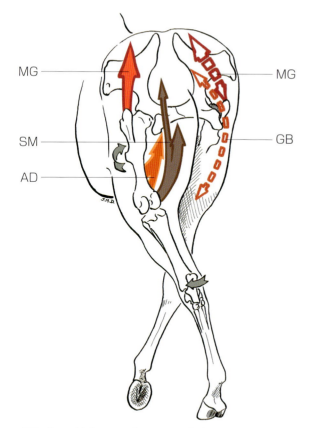 

▲ 7.7　左への速歩ハーフパスにおける後肢の内転
半膜様筋の収縮によって大腿骨が内方へローテーションし、飛端を外方へローテーションさせていることに注目
**求心性収縮している内転筋**
　AD：内転筋（大内転筋と短内転筋）、SM：半膜様筋
**伸展している外転筋**
　MG：中臀筋、GB：大腿二頭筋

後肢

▶7.8 左へのハーフパスにおける後続肢（右後肢［写真左］と左後肢［写真右］）の内転と踏み込み
まず腸腰筋が大腿骨内側を前方へ引っ張って内転がはじまり、（蹄尖と膝関節が外方へ、飛端が内方へ動いて）肢を外方へローテーションさせる

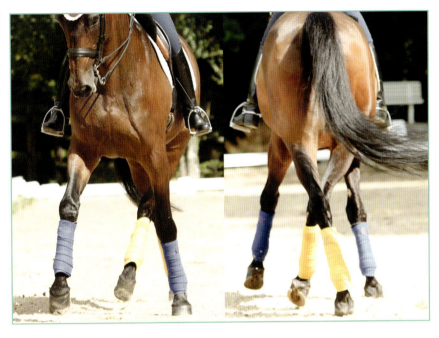

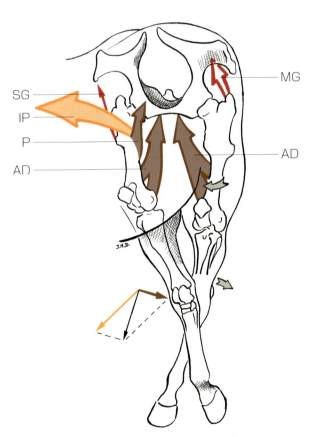

▲7.9　左への速歩ハーフパスにおける後肢の内転
**求心性収縮している内転筋**
　AD：内転筋（大内転筋と短内転筋）、IP：腸腰筋、P：恥骨筋
**伸展している外転筋**
　MG：中臀筋
**右後肢の伸長（踏み込み）に寄与する筋肉群**
　IP：腸腰筋、P：恥骨筋、SG：浅臀筋

側方運動のバイオメカニクス

後肢を交差させるには、左右の肢で対称的な筋肉（内転筋）の働きが必要であると同時に、左右で異なる筋肉の求心性収縮、あるいは伸展も必要になります。したがって、バランスの良い筋肉の発達と運動中の姿勢制御能力を向上させるためには、左右均等に運動することが必要なのです。例えば非荷重肢（後続肢）が伸長する時には、大腿骨が屈曲しながら外方へローテーションすることで中臀筋が伸びはじめ、また荷重肢（先行肢）では大腿筋膜張筋が最大伸展します。

同じ速度の同じ歩法で運動した場合、筋肉の伸展は直線上での運動よりも側方運動時の方が大きくなります。

運動機能の観点からいえば、股関節は肢の動き全般を司る基本となる関節です。これは、簡単なテストによって説明することができます。馬の後肢を持ち上げて前へ引っ張り、そして後へ引っ張ります。すると、（健康で従順な馬であれば）その肢全体の可動域を制限しているのは飛節や膝関節の屈曲や伸展ではなく、股関節であることがすぐに分かります。飛節と膝関節の動きは、臀筋群、大腿尾側の筋肉群、大腿筋膜張筋の伸展性に関わっているのです。側方運動は筋肉を多様に伸展させることで、筋肉の弾性を高め、筋緊張を調整し、股関節の可動域を広げます。つまり、股関節の可動域を高めるには、側方運動が有益です。

さらに側方運動では作用が相反する筋肉（臀筋と内転筋）を使うため、筋肉群の自発的な調節機能が洗練され、基本動作の協調性を改善します。スポーツの観点からいえば歩きが改善されて自然な動きになるのです。結果的に、動きの最中の姿勢制御能力が強化され、運動能力に支障をきたしかねない「不正な動き」によるリスクを減らします。最終的には関節を支持する筋肉（例えば深臀筋や恥骨筋）を発達させることで、股関節の安定性と支持力を高め、大腿骨骨頭靱帯とその分枝（副靱帯）の負担を減らします。競技馬においては、股関節周囲の筋肉がしっかりしたものになることが、（靱帯や軟骨に関わる）関節疾患の防止に不可欠です。また、関節疾患などの後のリハビリとしても有用となり得るのです。

## まとめ

スポーツおよび身体鍛錬の観点から後肢の側方運動には複数の利点があります。側方運動はいくつかの筋肉が同時に働き、また時には拮抗して働くことによって、筋肉の協調性と動作中の姿勢制御能力を高めてくれます。また側方運動は、肩関節や股関節、およびそれらが連動する馬体部位にとって優れた身体鍛錬であり、筋肉群の働きを調整して、異なる歩法ごとに四肢の可動域を広げるのです。

まとめると、特定の筋肉を使った運動をすることで特定の動きが改善されます。例えば側方運動における下行胸筋の作用は、障害飛越時にも認められます。障害物を落下させずにクリアするには前肢を「引き上げる」必要があります。そのために下行胸筋には強い求心性収縮が起こるのです。また障害飛越後は中臀筋と半膜様筋が伸展して、後肢の着地を助けています。

側方運動のバイオメカニクス
# 第8章 脊柱と体幹の筋肉

　側方運動時の前肢と後肢の働き、その利点を述べてきましたが、本章では側方運動における脊柱と体幹の筋肉のバイオメカニクスについて解説します。

　側方運動の基本であるハーフパスと「肩を内へ」の主な違いは、第9章で説明します。個々の馬の利点や欠点を考慮して適切な運動を選択（あるいは運動を制限）できるよう、ハーフパスと「肩を内へ」の運動時における四肢への負荷に焦点を当てます。

　体幹の可動域が狭いこと、体幹の動きに多くの関節（頭骨から仙骨まで32個の椎間関節）が関わっていること、そして脊椎の一部では独立した機能をある程度もっていることから、体幹のバイオメカニクス解析は複雑なのです。とはいえ、このような側方運動の理解を深め、スポーツの観点からの利点を知るためには、体幹の動きが重要となります。

　脊柱のバイオメカニクスは、歩法（常歩、速歩、駈歩、8.1、8.2）によって大きく異なります。端的にいえば、解析できるのは速歩での動きに限定されます。速歩は研究対象として比較的簡単であり、体幹におけるいくつかの機能的変化が分かりやすいのです。

　速歩の側方運動時に生じる脊柱の変化が理解しやすいように、一蹄跡上での速歩における基本的な脊柱のバイオメカニクスから説明していきます。

▲ 8.1　左への速歩ハーフパスにおける胸腰椎の顕著なローテーション
写真右：右後肢の突き上げで骨盤右側が上がっている
写真左：骨盤右側が沈下して後肢の踏み込みを促している

▶ 8.2　左への駈歩ハーフパスにおける胸腰椎と頸椎の著しい左方への屈曲
背筋（脊柱起立筋）と左側の腹筋の求心性収縮による側方屈曲（ベンド）

側方運動のバイオメカニクス

## 速歩における脊柱のバイオメカニクス (8.3～8.6)

### ■ 直線上での速歩の運動学的解析

速歩は左右対称な歩法です。そのため、ストライドの半周期を解析すれば、馬体の正中線に対して左斜対（左前肢／右後肢）あるいは右斜対（右前肢／左後肢）といった斜対肢に起きる変化を知ることができます。

この歩法では背筋と腹筋の緊張により脊柱の垂直面での屈伸（腹屈－背屈）が減少しますが、それは、主に受動的に制御されます。肢の着地後にスタンス期がはじまり、この時に馬の体幹が沈み、それを受けて胸腰椎が背屈します。その背屈は腹筋の遠心性収縮によって制限されます。スタンス期の終わりでは、肢の推進力によって体幹が押し上げられ、胸腰椎の腹屈をもたらします。この腹屈は脊柱起立筋の遠心性収縮によって制限されます。

側方運動が脊椎のローテーションと側方屈曲に与える影響について、詳しく説明していきます。

### ▶ ローテーション

脊椎のローテーションは、脊椎下部（腹側）が後肢に対してどちら側に動くかで定義されます。

前後の斜対肢が負重している間、それらの荷重肢とは反対側の斜対部（前駆と後駆）では筋肉活動が低下する傾向にあります（8.3～8.6）。荷重肢がスタンス後期（推進期）に入ると、反対側の斜対部（前駆と後駆）が持ち上がり、非荷重肢が前方に伸長して、着地することになります。

▲ 8.3　パッサージュにおける右斜対肢のスタンス中期（中間期）
筋肉が弛緩すると、左肩と右臀部が、それに連結する肢の下部の慣性によって沈下する。これにより胸腰椎の右方ローテーションが起こる

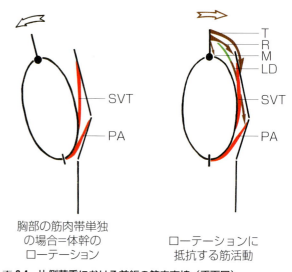

▲ 8.4　片側荷重における前駆の筋肉支持（正面図）
SVT：胸部腹鋸筋、PA：上行胸筋、T：僧帽筋、R：菱形筋、M：多裂筋（胸部）、LD：広背筋

脊柱と体幹の筋肉

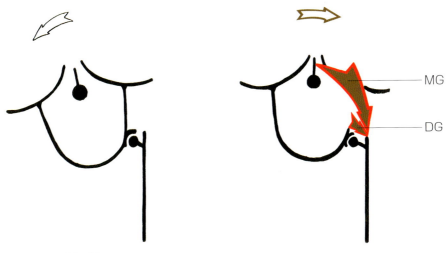

▲ 8.5　片側荷重における臀筋群の働き（後から見た図）
臀筋群の働きにより、片側荷重でも後躯の均衡が取れている
MG：中臀筋、DG：深臀筋

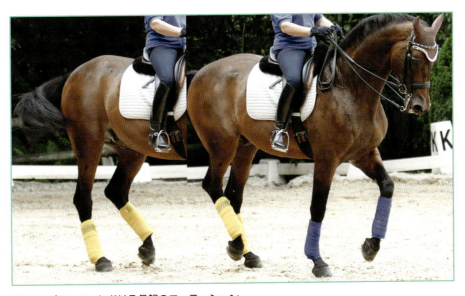

▲ 8.6　ピアッフェにおける骨盤のローテーション
荷重している後肢側で臀部が上がり、荷重する前肢側で胸腰椎のローテーションが増している

## 側方運動のバイオメカニクス

◀ 8.7 速歩での左斜対肢の伸長期における脊柱の右方屈曲
右へ屈曲（右側が凹湾し、左側が凸湾）することで左肩と右後肢の伸長を助けている

　例えば右斜対肢に荷重している時には、左肩と右臀部の沈下に抵抗するように筋肉が収縮し、（右方への）胸腰椎の受動的ローテーションに歯止めをかけるのです（8.6）。右斜対肢による推進時（左前肢の伸長期）、ストライドの幅は左肩と右臀部の上がり方で決まります。胸腰椎はこのような動きを助長するため、受動的ローテーションとは逆方向（左方）への能動的ローテーションをもたらします（8.7）。

▶ 側方屈曲

　右斜対肢が荷重している時には、脊柱が右へ側方屈曲することにより左斜対肢の伸長（踏み込み）が助長されます。これは、側方屈曲（凹湾）側で腹筋と背側の軸上筋（脊柱起立筋）が同時に求心性収縮した結果です。

### 直線上での筋活動
▶ ローテーション

　斜対肢のスタンス期（負重期）には馬体の主要3カ所（前躯、後躯、脊柱）で筋肉収縮が次々と起こり、その結果、脊椎のローテーション方向が入れ替わります（受動的から能動的な制御へ変化）。まず遠心性収縮が受動的ローテーションを制御し、続いて求心性収縮が起こって能動的ローテーションをもたらします。このような筋活動は、馬体の部位ごとに分けて考えることができます。

- 前躯（8.4、8.7）：伸長している肢の側へ胸郭が能動的にローテーションし、それを受けて荷重肢とは反対側の肩が上がります。これは荷重肢側の僧帽筋、菱形筋、広背筋が収縮した結果です。例えば8.7では、左斜対肢が伸長している時に、右側の僧帽筋、菱形筋、広背筋が収縮して胸郭の左方への能動的ローテーションを助けています。
- 後躯（8.5、8.7）：深臀筋と中臀筋、そして大腿二頭筋前枝の働きで荷重肢とは反対側の臀部が上がります。
- 脊柱：伸長する前肢の側への能動的ローテーションは、反対側にある椎骨隣接の筋肉群（多裂筋の胸腰椎部）の収縮によって助けられています。外腹斜筋と内腹斜筋も脊柱のローテーションには、欠かせない働きをしています（8.8、8.9）。

▶ 側方屈曲

　軸上筋（脊柱起立筋）と腰下の筋肉群（腸腰筋）が同じ側の外腹斜筋と内腹斜筋と連動して求心性収縮し、その結果として脊椎が側方屈曲します。腰下の筋肉群は股関節の屈曲をもたらし、側方屈曲した側（凹湾側、8.7）の後肢の伸長（踏み込み）を助けます。

# 脊柱と体幹の筋肉

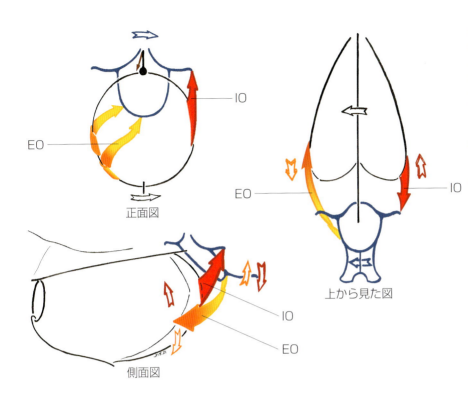

◀ 8.8 脊柱と骨盤のローテーション時における腹斜筋群の作用

同じ側の内腹斜筋と外腹斜筋は相乗的に働いて、脊椎の側方屈曲をもたらす。しかしローテーション時には、これらの筋肉が拮抗して働く（側面図）。ローテーション時には、片側の内腹斜筋と反対側の外腹斜筋が相乗的に作用する。これらは協調して働き、骨盤と脊柱を同じ方向へローテーションさせる（正面図と上から見た図）

IO：内腹斜筋、EO：外腹斜筋

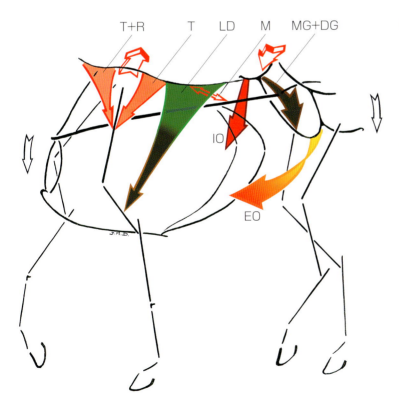

◀ 8.9 直線上での右斜対肢の伸長

後駆：ストライドが進んで、右側の中臀筋と深臀筋（MG＋DG）が収縮すると、骨盤の右方への受動的ローテーションが左方への能動的ローテーションに転じる

前駆：ストライドが進んで、左側の僧帽筋（T）と菱形筋（R）、広背筋（LD）が収縮し、胸郭の左方への受動的ローテーションが右方への能動的ローテーションに転じる

腰部と腹部：内腹斜筋（IO）と外腹斜筋（EO）、そして多裂筋（胸腰部；M）が働いて胸郭と骨盤（腰椎）との間の脊椎を安定させる

## 側方運動における脊柱のバイオメカニクスの変化 (8.6～8.9)

### ローテーション

側方運動ではスイング期の後半（伸長期）に、2つの相反（あるいは融合）する目的を達成するために、進行方向とは反対側の肢の上部の位置が変化します。肩と臀部を引き上げることで全体の動きが大きくなりますが、側方運動で肢を交差させるには肩と臀部を下げる必要があります。逆の言い方をすれば、側方運動の進行方向側の臀部と肩の方が高くなるのです。したがって右への側方運動 (8.10) で、右前肢が伸長して左後肢が踏み込んでいる時には、左後肢の内転（交差）の度合いで左臀部の高さが決まります (8.11)。そして右肩の上がり方は右前肢の外転度合いによって増幅されます。脊柱の能動的ローテーションは、脊

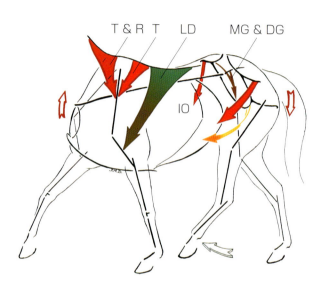

◀ 8.10 右への速歩ハーフパス：右斜対肢の伸長

後躯：左臀部が沈下することで左後肢の内転が助長される。右側の中臀筋と深臀筋（MG&DG）の作用が弱まり、骨盤の右方ローテーションが可能になる

前躯：左側の僧帽筋（T）、菱形筋（R）、広背筋（LD）が強く働いて、胸郭が右方にローテーションし、右肩の引き上げを助ける

腰部と腹部：左内腹斜筋（IO）が左臀部の沈下を助けている

◀ 8.11 馬体のローテーションを伴う右への速歩ハーフパス

骨盤が右へローテーションして左後肢の踏み込みと交差（写真左）を助けている。同時に、胸郭の右方ローテーションで右前肢が外転しやすくなっている。右斜対肢への体重移動に伴い（写真右）、胸郭（右へ）と骨盤（左へ）に一時的な逆方向へのローテーションが起きる。そして左斜対肢の伸長期には、両部位とも同じ方向（右方）にローテーションする

柱の頭側位（前方）において、僧帽筋、菱形筋、広背筋の求心性収縮が強まることで顕著となり、限定的に出現します。

左斜対肢の伸長期（8.12）には、左前肢の内転（交差）によって左肩の上がり方が制限され、一方では右後肢の外転によって右臀部の上がり方が増します（8.13、8.14）。このように機能上の必要性から、脊柱の尾側位（後方）での能動的ローテーションが強まり、ローテーションを制御する筋活動が増すのです。

側方運動はこうして神経・筋協調性の調整と適応を求めつつ、様々なローテーションを脊柱各部に促すのです。このようなローテーションは、外転する肢につながる脊椎の広い範囲で起こり、どのステップでも脊椎の前部と後部とでローテーションが交互に生じます。

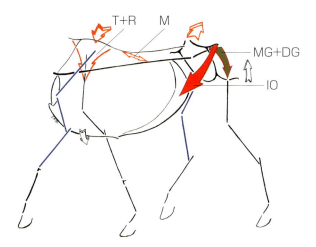

◀ 8.12　直線上での左斜対肢の伸長

後躯：ストライドが進んで、左側の中臀筋と深臀筋（MG＋DG）および左内腹斜筋（IO）が収縮すると、骨盤の左方への受動的ローテーション（上方向を示す⇧）が右方への能動的ローテーション（上方向を示す⇧）に転じる

前躯：ストライドが進んで、右側の僧帽筋（T）と菱形筋（R）、広背筋が収縮して、胸郭の右方への受動的ローテーション（下方向を示す⇩）が左方への能動的ローテーション（下方向を示す⇩）に転じる

腰部と腹部：胸郭と骨盤が互いに逆方向へローテーションする。内腹斜筋（IO）と多裂筋（胸腰部；M）が、腰椎の捻転の度合いを制御する

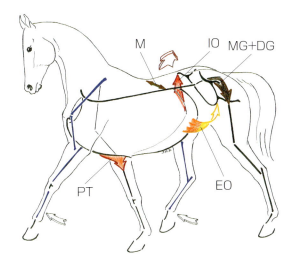

◀ 8.13　右への速歩ハーフパス：左斜対肢の伸長

後躯：左側の中臀筋と深臀筋（MG＋DG）が非常に強く求心性収縮して右方への骨盤スイングを増幅し、右後肢の内転を促す

前躯：右横行胸筋（PT）の作用で胸郭が右方へローテーションし、左前肢の内転を容易にする。右僧帽筋と右菱形筋の作用が弱まる

腰部と腹部：胸郭と骨盤が同じ方向（右）へローテーションするため、内腹斜筋（IO）と外腹斜筋（EO）、多裂筋（胸腰部；M）の働きが直線上での速歩とは逆になる

側方運動のバイオメカニクス

▲ 8.14 右への速歩ハーフパス：左斜対肢の伸長
左肩の挙上をゆるめて、左前肢を胸郭に沿って回すように移動させる。右臀部が上がり、骨盤の右方へのローテーションを促す

Note：脊柱の能動的ローテーションは片側の筋肉群の収縮によって起こります（8.10、8.13）。脊柱と筋肉の働きに左右対称な柔軟性を求めるには、側方運動を左右均等に行う必要があります。

## 側方屈曲

「肩を内へ」では、進行方向とは反対側の後肢が踏み込んでいる時に脊椎の側方屈曲が強まります。脊椎の側方屈曲は、最大限に求心性収縮した腸腰筋と同じ筋肉群の働きによるものです。

しかしハーフパスでは進行方向側の後肢が踏み込んで外転した時に、脊椎の側方屈曲が最大になります（8.13〜8.15）。ハーフパスでは、腸腰筋の伸展が進行方向と反対側の後肢が推進している時に起こります。つまり、ハーフパスは腸腰筋が最大伸展するのに適した状況を生み出しているのです（8.1 左、8.11、8.15）。後肢の推進と外転は、脊椎の側方屈曲と相まって、腸腰筋の起始部から停止部までを最大限に伸ばします。

脊柱と体幹の筋肉

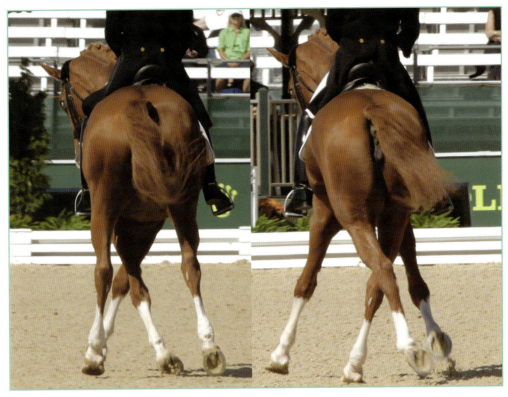

▲ 8.15　左への速歩ハーフパス：右斜対肢の伸長
写真左：左後肢の伸長期（踏み込み）終盤には脊柱の左方屈曲が最大に達する
写真右：（スタンス後期終盤には）右臀部の伸展とともに右腸腰筋が著しく伸びる

## まとめ

　様々な運動における腸腰筋の主な役割を理解することは非常に重要です。それにより「肩を内へ」とハーフパスを左右均等に行うことが、すべての競技馬にとって優れた身体鍛錬であり、優れた調教であることが分かるでしょう。ハーフパスと「肩を内へ」でのバイオメカニクスの相違点については、次の章で述べることにします。

側方運動のバイオメカニクス
# 第9章 ハーフパスと「肩を内へ」の　バイオメカニクス

　本章の主な目的は、ハーフパスと「肩を内へ」で求められる筋肉の動きの違いを、バイオメカニクスの観点から解説することです。それによって馬の体作りに対する利点を知ることができます。「肩を外へ」やターン・オン・ザ・ホンチズ、前肢旋回、ピルーエットなど他の運動項目も、ハーフパスと「肩を内へ」と原理は同じなので、これらの運動をハーフパスや「肩を内へ」と同じ目的で調教に取り入れることができます。これらの運動に関与する馬体の主要部位3カ所、つまり後躯、体幹そして前躯について述べることにします。

## 後躯

　「肩を内へ」では、馬体は脊椎の凹湾側と逆の方向へ進みます。そのため、後肢が馬体の正中線に対して斜めに動くことは減ります（9.1）。
　反対にハーフパスでは、側方運動方向への骨盤のスイングが後肢の側方への動きを増し、「腰を内へ」ではこれがさらに増します。そのためにハーフパスと「腰を内へ」のどちらの運動も肢の開脚や交差の度合い、そして内転筋と外転筋の働きは、「肩を内へ」の時よりもはるかに大きくなります。

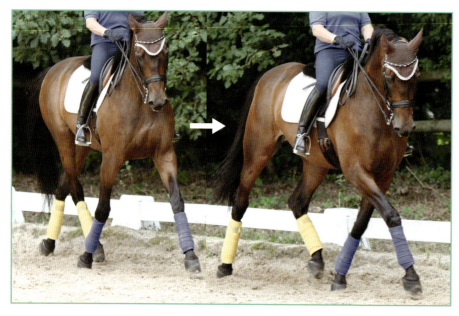

◀ 9.1　速歩での右「肩を内へ」
写真左：脊柱が右方へ屈曲するため、内転時には右後肢が右前肢の内側に着地する
写真右：左後肢が外転時に左前肢の外側に着地している

## 体幹

体幹の筋肉の伸展は、側方運動の進行方向の反対側で最も顕著になります。「肩を内へ」では、凹湾側の後肢の踏み込み時に腸腰筋の最大の求心性収縮が求められます（9.2、9.3）。ハーフパス（あるいは「腰を内へ」）では、進行方向側への脊椎の側方屈曲が進行方向と逆側にある腸腰筋を、その肢の推進時に最も伸展させます。

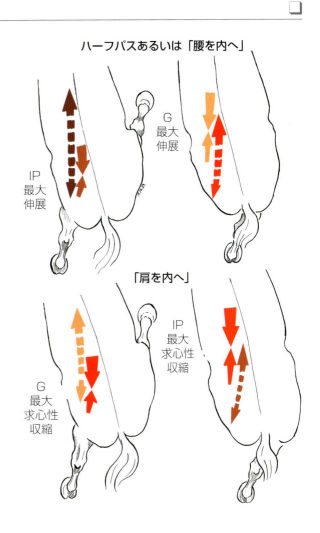

▶9.2　側方運動における臀筋群（G）と腸腰筋（IP）の作用

ハーフパスあるいは「腰を内へ」にて後肢が内転する時（最大伸展；上図）と、「肩を内へ」で外転する時（最大求心性収縮；下図）には、臀筋群に最大級の緊張がかかる。腸腰筋の最大伸展はハーフパスあるいは「腰を内へ」では後肢が外転する時（上図）、「肩を内へ」では内転する時（最大求心性収縮；下図）に起こる

Note：伸縮度合いの変化が最も大きいのは、側方運動の進行方向の反対側の筋肉群である

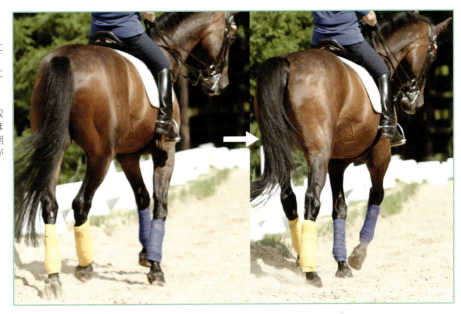

▶9.3　速歩での右「肩を内へ」

写真左：脊椎が右方へ屈曲するため、左後肢のスタンス後期終盤には左腸腰筋が最大伸展する。右腸腰筋は右後肢の伸長時に著しく求心性収縮する

写真右：右斜対肢（右前肢／左後肢）の伸長時には、左腸腰筋の収縮と右腸腰筋の伸展はそれほど強くないが、スタンス前期では、腸腰筋の収縮と伸展が強くなる

## 前躯

　脊椎の側方屈曲はハーフパスと「肩を内へ」では異なりますが、いずれも前肢の外転および内転を伴います。脊椎の側方屈曲はハーフパスよりも「肩を内へ」において著しく認められます。特に興味深いのは、伸長期（スイング期後半）とスタンス後期（後推期）における、前肢を動かす筋肉群の長さの変化です（9.4〜9.6）。

◀ 9.4　常歩での右「肩を内へ」で左方向へ側方運動
脊柱の著しい側方屈曲に注目。特に右側の下行胸筋と横行胸筋の伸展に連動して、両前肢が外転している。体幹の側方屈曲とともに左前肢が伸長し、その結果、左上行胸筋が伸びている

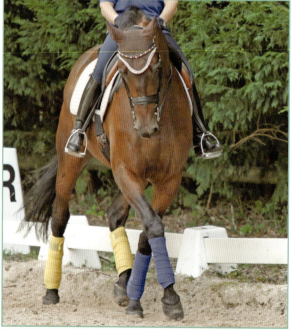

◀ 9.5　速歩での右「肩を内へ」
右前肢が伸長し（伸長期）、右側の上腕頭筋と肩甲横突筋が最大に求心性収縮している。左前肢の引き上げ期（推進）には、馬体左側の上腕頭筋と肩甲横突筋が著しく伸展する

## ❏ 肢を伸長させる筋肉群（伸長期）

肢の伸長に関与する主な筋肉は、上腕頭筋と肩甲横突筋です。

- 「肩を内へ」：頸椎がわずかに側方屈曲すること、また頭部の位置によって、上腕頭筋と肩甲横突筋の長さは内転（交差）期に様々に変化します。進行方向側の荷重肢ではきわめて強い受動的な伸展がみられる一方、非荷重肢（脊椎の側方屈曲側）ではこれらの筋肉が最大の求心性収縮を示します（**9.5、9.6**）。
- ハーフパス：上腕頭筋と肩甲横突筋は、ともに前肢の外転（開脚）期に最大に伸展します（**9.6**）。荷重肢の推進と外転、および脊椎の側方屈曲は、上腕頭筋と肩甲横突筋の起始部から停止部までの距離を効果的に伸ばし、筋肉の伸展を助けます。

上腕頭筋と肩甲横突筋はその筋肉の停止位置と脊柱の側方屈曲により、「肩を内へ」では前肢の内転中に、ハーフパスでは前肢の外転中にきわめて強い伸展と収縮が生じます。

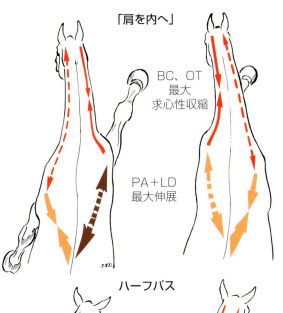

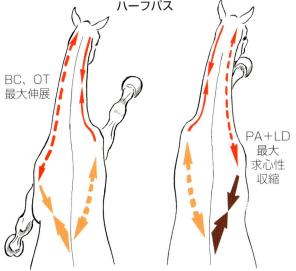

◀ 9.6 「肩を内へ」とハーフパス

上腕頭筋（BC）、肩甲横突筋（OT）、上行胸筋（PA）、広背筋（LD）の作用。左側の上腕頭筋と肩甲横突筋の最大の求心性収縮（短縮化）は左「肩を内へ」の内転中に起き（上図）、最大伸展は右方へのハーフパスで外転時に生じる（下図）。右側の上行胸筋と広背筋の最大伸長（伸展）は左「肩を内へ」の外転中に起き（上図）、最大求心性収縮は右方へのハーフパスで内転中に生じる（下図）

## 側方運動のバイオメカニクス

### ❏ スタンス期の推進を担う筋肉群（9.6）

伸長期と同様に、推進に関わる筋肉群（広背筋と上行胸筋）の収縮と伸展は、ハーフパス中の内転時と「肩を内へ」での外転時に明らかです。

- 右へのハーフパス中（9.7）、荷重している右前肢の内転には、右上行胸筋のきわめて強い求心性収縮が必要になります。上行胸筋は、肢を内転させるとともに推進力の源として強力な一役を担っています。広背筋は推進力の発揮にのみ関わり、脊椎の側方屈曲はその収縮を助けます。下行胸筋と横行胸筋の求心性収縮によって、荷重していない左前肢が内転します（Part3 第6章参照）。これは側方屈曲の反対側の上行胸筋と広背筋を伸ばします。

- 「肩を内へ」での前肢の外転時は、広背筋と上行胸筋の長さが馬体の左右で最大限に変化します。

最後に、特に「肩を内へ」では、スイング期に肢の伸長に関与する筋肉群（上腕頭筋と肩甲横突筋）が伸展し、また求心性収縮することで、前肢の動きを改善し、歩様を大きくさせます。またハーフパス中には上行胸筋と広背筋の伸展と収縮が最も顕著となり、前肢による推進機能を向上させるのです。

したがってハーフパスと「肩を内へ」は、競技馬における前躯の体作りと健全性を補完するものといえます。

▲ 9.7 右へのハーフパス
右前肢による推進の終盤で、右上行胸筋が最大限に収縮している

側方運動のバイオメカニクス
# 第10章 側方運動の利点と欠点

　側方運動は良好な状態の馬場で比較的ゆっくりとした歩様で行えば、健康な馬の筋肉や骨格にトラブルが生じることはほとんどありません。

　注意すべき点は、スタンス期において着地が蹄負面の一側ではじまり（10.1）、推進をはじめるのは着地した蹄負面の反対側であることです。その結果、関節面には左右非対称の負荷がかかるとともに、側副靭帯には左右非対称の牽引が働き、

▲ 10.1　左への速歩ハーフパス
この体勢では蹄への負荷が不均等になる。右斜対肢では、肢の背内側（内側前面）に負荷がかかっている。左斜対肢でも蹄の内側に着地の衝撃を受ける。指関節と球節に左右非対称な負荷がかかり、関節に横方向（前から見た時の内外方向）への動きが生じ、関節の一側には滑りが、その対側ではローテーションが起きる

# 側方運動のバイオメカニクス

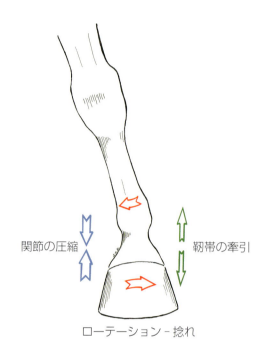

▲ 10.2　側方運動における蹄の左右非対称な負荷
写真：スタンス後期（推進期）の終盤、左前肢は外蹄尖部（外側）で地面を押し、右後肢は内蹄尖部（内側）で地面を押している
図：横方向（前から見た時の内外方向）への動きにより、先に着地した側の関節面には圧縮が起こり、その反対側の側副靭帯が引っ張られる。蹄のローテーションがこのような負荷を強め、骨と関節包の捻れが生じる

馬にとって靭帯や関節にダメージを与える可能性があります（10.2）。

後肢では、着地あるいは推進時に左右の肢で異なる負荷が蹄の内側にかかります。特に飛節は、後肢の関節のなかでも最も変形性関節症を起こしやすく、内側に圧縮力が集中し、飛節内腫の原因となります。

前肢と後肢のいずれも程度の差はありますが、左右非対称に負荷がかかり、球節と指関節では、ローテーションと滑りを伴って横方向（前から見た時の内外方向）への動きが生じます（10.3〜10.5）。いずれの段階でも蹄への圧力は片側から反対側へ移り、左右非対称の負荷が靭帯（緊張）と関節面（圧迫）にかかり、力の偏りが生じます。そのため、すでに関節になんらかの問題をかかえている馬は、故障が長引くおそれがありま

# 側方運動の利点と欠点

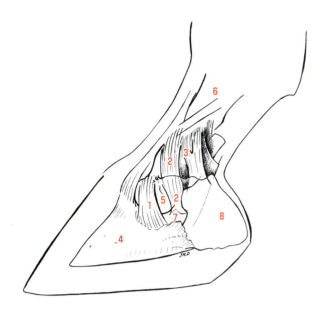

◀ 10.3　指関節の側副靭帯

蹄に左右非対称な負荷を受けている時には、これらの靭帯自体とその停止部位に重大な緊張がかかる
1：蹄関節の側副靭帯、2：トウ骨（遠位種子骨）の側副靭帯、3：冠関節の側副靭帯、4：蹄骨、5：冠骨、6：繋骨、7：トウ骨、8：蹄軟骨

◀ 10.4　左への常歩ハーフパスでのスタンス期における負荷の変化

前肢のスタンス前期（写真左）では、主に関節面の内側に負荷がかかっている。スタンス後期（写真右）では、関節面の外側に圧力が移動し、内側の靭帯の緊張が高まっている。これは特に左前肢、すなわち側方運動における先行肢で顕著である

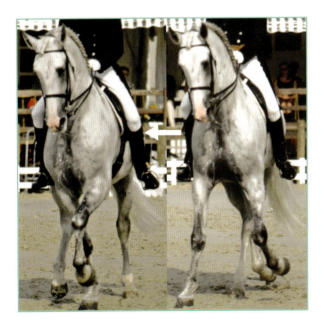

◀ 10.5　右への速歩ハーフパスでのスタンス期における負荷の変化

右前肢のスタンス前期（写真右）では、関節面の内側で最初の圧縮が起きる。スタンス後期（写真左）では、関節に加わる圧力が外側に移動し、関節の内側の側副靭帯の緊張を高めている

## 側方運動のバイオメカニクス

す。そのような馬の場合、側方運動を回避するか、あるいは慎重に行うべきなのです。

　本来のバイオメカニクス的負荷に加えて靭帯にさらなる緊張をかけることを考えれば、側方運動を取り入れた調教は十分にウォームアップを行い、粘弾性的な性質をもつ側副靭帯をストレッチしてから行うべきなのです。ただし、軟らかく弾力のある状態の馬場で調教を行う場合は、バイオメカニクス的に過剰な負荷もある程度の範囲に抑えることができます。つまり、側方運動は下脚部にある関節の側副靭帯のウォームアップができ、負荷の大きいピルーエットなどの練習の準備運動として行うと良いでしょう（10.6、10.7）。

▶10.6　左への駈歩ピルーエット
ローテーションとともに左右非対称な負荷がみられる（特に後肢）。関節への負荷と靭帯の緊張が増している。この運動の前には質の良いウォームアップが必要である

▼10.7　右への駈歩ピルーエット
前肢に左右非対称な負荷がかかり、負重する右後肢の著しいローテーションがみられる。右後肢ではすべての関節が圧迫、ローテーション、滑りといった複合的なストレスをその関節面に受け、靭帯に緊張と断裂が起こる

## まとめ

　側方運動は筋肉や骨格に対していくつかの欠点はあるものの、競技馬の体作りと調教に様々な利点をもたらします。

　側方運動は重要な筋肉群を様々な度合いで収縮あるいは伸展させて、動きの大きさや効果を全般的に改善します。例えば、臀筋群は後肢による推進力を全般的に向上させ、腸腰筋は腰仙椎結合部の可動性や後肢の踏み込みを高め、胸筋群は前駆を前方に運ぶ度合いを高めます（**10.8**）。さらに側方運動は、通常の運動ではほとんど使わない筋肉群を稼働させます。特に内転筋と外転筋の発達を促し、胸腰部の多裂筋や深臀筋のような特定の深部の筋肉を動かします。これらの筋肉は体表からは見えないものの、椎間関節や股関節の安定と可動に重要な役割を果たしています。そのため側方運動は、脊柱や股関節の様々な症状に対する理学療法（予防や治療効果）と考えることができるのです。

　側方運動は、神経・筋協調性を整えます。それによって四肢だけでなく、最も大切な脊柱の関節や腱、筋肉の発達を助けます。動きに対する理解を深め、運動を制御するとともに効率の良い筋肉作りをすることで、調和の取れた滑らかな動きを発達させる助けとなるのです。

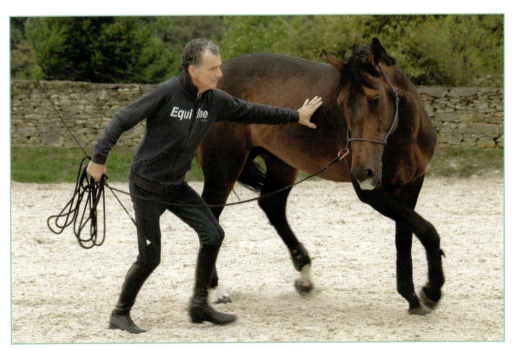

▲ 10.8　グランドワークで馬に側方運動を教える
馬に左後肢を外転するよう仕向けている。頸を側方屈曲させることで左側の上腕頭筋と肩甲横突筋の伸展を促し、右前肢の伸長と内転によって下行胸筋の著しい求心性収縮を誘発している

# Part 4：
# 障害飛越のバイオメカニクス

第11章　アプローチ、踏み切りと推進期

第12章　踏み切りと推進期：体軸（頭、頚、体幹、骨盤）のバイオメカニクス

第13章　飛越期：脊柱と体幹のバイオメカニクス

第14章　飛越期：四肢のバイオメカニクス

第15章　着地期：脊柱のバイオメカニクス

第16章　着地期：四肢のバイオメカニクス

第17章　バウンスジャンプのバイオメカニクス

障害飛越のバイオメカニクス

障害飛越の動作を段階ごとに理解し、一連の動作の効率的な体勢を知り、そして個々の馬の飛越スタイルを理解することは、アスリートである馬の体作りや調教内容の向上に役立ちます。そのために、望ましくない動きや制御されていない動きについても理解することが大切です。馬の長所と弱点を認識することで、競技に向けた身体動作の改善に最適な調教方法を選択できるようになります。特に弱点を克服するための調教プログラムを取り入れることが、トレーナーの力量といえます。

難度の高い競技の場合、馬の才能だけでは不十分であり、私たちは客観的な科学的知見を取り入れ、馬を適切に評価する能力をさらに磨かなけれ

ばなりません。

Part4 では、障害飛越のバイオメカニクスを解説します。調教に欠かせない基本的な運動内容の選択と、目的に適した馬を選ぶための基礎知識である障害飛越動作の機能解剖学的知見を、十分に理解することを目的とします。ここでは、障害飛越というダイナミックな動作について、新たな視点から解説します。特に馬体の軸となる骨格や四肢の動きについて、アプローチ、踏み切りと推進期、飛越期（跳躍期、サスペンション期）、そして飛越後の着地期に分け、そのバイオメカニクスを解説します。

障害飛越のバイオメカニクス

# 第11章 アプローチ、踏み切りと推進期

本章では障害飛越時の障害物へのアプローチを踏み切り、推進期に分け、障害物へアプローチした時の馬の動作を解説していきます。これら一連の動きのバイオメカニクスを理解することにより、可動域の狭い関節を見つけ、弱い筋肉あるいはまれにしか使われない筋肉群を認識できるよう

になります。それによって、馬のもつ特性に応じて異なる調教方法を見出すことが可能となり、それぞれの馬に最適な調教プログラムを組むことができるのです。アプローチ、踏み切りと推進期の一連の動作は、飛越前の最後の数回のストライドで起こります（11.1）。

## 踏み切りと推進期における前肢のバイオメカニクス

障害飛越に際しては、障害物の高さのみならず前肢を上手に使うことも大切なポイントです（11.2、11.3）。肢の動きは、前肢を構成する骨と、それらを結ぶ筋肉群との関わりから推定する

ことができます。それに加えて、胸郭を肩甲骨と上腕骨につなぐ筋肉群の役割も考慮する必要があります。

アプローチ、踏み切りと推進期

▲ 11.1　障害飛越前の踏み切り時における、前肢のスタンス期の終末と後肢の踏み込み

◀ 11.2　障害物直前で衝撃に備える前肢

右斜対肢（右前肢と左後肢）を著しく前方へ伸ばして、馬体の水平方向の動きを減衰している。右後肢はしっかりと荷重して（球節の沈下に注目）、左前肢は前方へ伸長しようとしている

◀ 11.3　障害飛越の踏み切りにおける左前肢の着地準備

左前肢を大きく伸ばして、馬体の動きを水平方向から垂直方向へとスムーズに転換させようとしている。右前肢は、球節の沈下と肘関節の閉鎖により、しっかりと体重を受けているのが分かる

111

前肢の骨同士をつなぐ筋肉（前肢筋）および体幹と前肢とをつなぐ筋肉帯（前肢帯筋）は相乗的に作用し（11.4、11.5）、アプローチから踏み切り、推進までの次の5段階の動きを制御しています。それは、飛越直前の前肢の着地準備、前肢の着地と前躯の沈下、水平方向の推進と同時期の関節の最大閉鎖、垂直方向の推進（関節の伸展）、前肢の振り出し・屈曲・引き上げです。

### ❏ アプローチ：飛越直前の前肢の着地準備

この動作は、飛越前に前肢が着地する直前の動きです。踏み切り前の最終ストライドでは、体を起こして前肢を目一杯前方へ突き出し、踏み切り時に前躯を持ち上げる準備をします。前肢には棒高跳び選手が使う棒と同じような力学的作用があり、水平方向の動きを垂直方向へ変換します。

### ❏ 前肢の着地と前躯の沈下

飛越前の最終ストライドにおける前肢の伸長期終盤では、蹄踵から前肢が着地します。前肢に荷重がかかるのに伴い、前躯と体幹が沈下します。前躯への荷重が増すと、ストライドの推進力を生み出す筋肉や腱、靭帯が動き出します。

### ❏ 水平方向の推進と同時期の関節の最大閉鎖（関節角度の最小化）

この動作は、飛越前に前肢が着地した直後の前肢のスタンス中期に起こります。

### ▶ 関節の最大閉鎖と遠心性収縮

垂直方向への推進に向けて筋肉群を起動させるには、遠心性収縮が必要不可欠です。関節の最大閉鎖は、伸筋（棘上筋と上腕三頭筋）の遠心性収縮で制御されています。体幹の沈下も、前肢と前肢の間で胸郭を吊るしている筋肉群（腹鋸筋、上行胸筋、鎖骨下筋）の遠心性収縮を介して制御されています。馬体の慣性と僧帽筋、菱形筋、広背筋の求心性収縮によって胸郭が下がります（11.3、11.4）。それと同時に諸関節が最大限に屈曲・閉鎖し（肩関節、肘関節、指関節が屈曲するとともに、腕関節と球節が伸展する）、受動的かつ弾性構造である屈腱、補助靭帯、繋靭帯を引っ張ります。これによってエネルギーが蓄積され、相乗的な筋活動と相まって効率良い垂直方向の推進を生み出すのです。

### ▶ 水平方向の推進力

肩と上腕のスイング動作で水平方向の推進力が生まれます。このスイング動作は肩と上腕周囲の筋肉が協調して働き、上腕骨が後方へ引っ張られ、肩甲骨の上端が前方へ移動することで起こります。

- 広背筋、上行胸筋、上腕三頭筋という強靭で広範囲にわたる3つの筋肉が求心性収縮し、上腕骨が後方に引き戻されます。この動作の初期には、広背筋が主に働きます。最も強力な上行胸筋は、前躯の上昇期だけでなく、上腕骨の後方への引き戻しの期間を通して活動し続けます。上腕三頭筋（主に長頭）は肩関節を力強く屈曲させて、前肢のスタンス前期を通して上腕骨の引き戻しを助けます。

- 主に頚部の僧帽筋と菱形筋が働いて、肩甲骨の上端を前方へ動かします。この動きの終盤では、頚部腹鋸筋がこれらの筋活動を助けます。頚部腹鋸筋はまた、胸部腹鋸筋の作用を支援するとともに、これと相乗的に働いて前躯を持ち上げます。

# アプローチ、踏み切りと推進期

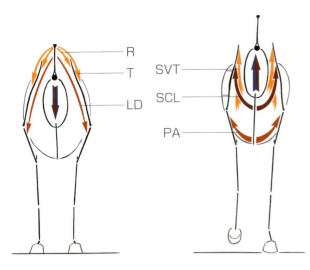

◀ 11.4 踏み切り時における胸郭の沈下と上昇を調節する筋活動
左図：体重による体幹の沈下と、それに伴う広背筋と僧帽筋、菱形筋の求心性収縮
右図：両前肢の間に挟まれた体幹を持ち上げる作用がある上行胸筋、鎖骨下筋、胸部腹鋸筋の求心性収縮

**胸郭の沈下時に働く筋肉群**
　LD：広背筋、R：菱形筋、T：僧帽筋

**胸郭を持ち上げる筋肉群**
　SVT：胸部腹鋸筋、PA：上行胸筋、SCL：鎖骨下筋

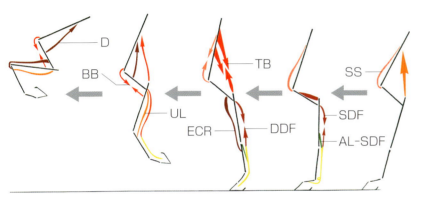

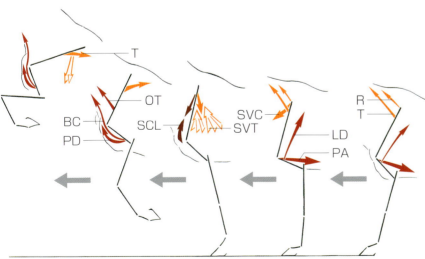

◀ 11.5 踏み切り時の前肢の筋活動
上図：前肢の骨同士をつなぐ筋肉（前肢筋）の活動
下図：体幹と前肢をつなぐ筋肉帯（前肢帯筋）の活動

**肩の筋肉群**
　D：三角筋、SS：棘上筋

**腕の筋肉群**
　BB：上腕二頭筋、TB：上腕三頭筋

**前腕の筋肉群**
　UL：尺側手根伸筋、ECR：橈側手根伸筋、DDF：深指屈筋、SDF：浅指屈筋、AL-SDF：浅指屈筋の補助靭帯

**頚部の筋肉群**
　BC：上腕頭筋、OT：肩甲横突筋、SVC：頚部腹鋸筋

**胸部の筋肉群**
　SVT：胸部腹鋸筋、LD：広背筋、R：菱形筋、T：僧帽筋

**胸筋群**
　PA：上行胸筋、PD：下行胸筋、SCL：鎖骨下筋

障害飛越のバイオメカニクス

▲ 11.6　障害飛越の踏み切り時における前肢の関節の最大閉鎖
肩関節と肘関節の著しい屈曲、腕関節と球節の過伸展、そして指関節の著しい屈曲に注目。肩が垂直になることで、水平方向の推進力は消失する。腰下の筋肉（腸腰筋）と大腿頭側の筋肉群が求心性収縮するのに続き、後肢を前方へ振り出そうとしている

## 垂直方向の推進力

障害物の前では、前肢の推進力（駆動力）と両前肢が体幹を持ち上げることにより、前躯が上昇します。

### ▶ 前躯の吊り上げと上昇 (11.5〜11.7)

胸郭は両前肢の間で筋肉帯によって吊り下げられていますが、この胸部の筋肉帯は垂直方向への推進にとても効果的に働きます。まず筋肉の遠心性収縮が働いて、前躯を持ち上げる筋肉の求心性収縮が効率良く機能するようにします。

踏み切り前の前肢の着地直後に肢の上部にある諸関節が屈曲し、両前肢の間にある胸郭が沈下し、推進に寄与する筋肉群を伸長させます。この伸長が効率良く求心性収縮を促進させ、前躯を持ち上げます（11.6）。

踏み切り時の後肢の着地前に、前躯（とこれに伴ってキ甲）が起揚します。両前肢間で胸郭を吊るす筋肉帯の強力な求心性収縮とともに、前肢の関節が急速に伸展します。この「胸部の筋肉帯」には４つの筋肉、すなわち２種類の腹鋸筋（頚部腹鋸筋と胸部腹鋸筋）および２種類の胸部の筋肉（上行胸筋と鎖骨下筋）が寄与しています。上行胸筋と鎖骨下筋は有力な筋肉群で、動きの幅を広げ、馬体の前方移動を助けます。

アプローチ、踏み切りと推進期

▲ 11.7　踏み切り時における前肢による前躯の押し上げ（浮上）
すべての関節が伸び、肩関節と肘関節が伸展している。球節を持ち上げることで、それより下の指骨（繋と蹄）を垂直にする。球節の懸垂装置（繋靭帯と種子骨靭帯）および指屈腱には弾力性があるため、指関節を伸ばすように働き、球節を持ち上げることができる。それと同時に胸郭（とこれに伴ってキ甲）が両肩の間で持ち上がる。後躯は沈下を続けて後肢が飛越前の最後の着地の体勢に入る

▶ 前肢による上方向への推進

スタンス期の終盤には、前肢による上方への推進を受けて、すべての関節が急激に伸展します。これは前肢の筋肉が求心性に収縮してはじまります。前肢が着地して荷重する間に筋肉の伸長と遠心性収縮が生じるため、その効果は際立っています（11.6 と 11.7 を比較のこと）。

棘上筋が作用して肩関節が伸展します（11.5）。肩関節の伸展によって上腕三頭筋が働き、肘関節を伸ばします。橈側手根伸筋の等尺性収縮は、腕関節（前膝）を安定させます。指屈筋群の求心性収縮と指伸筋腱群の弾発性収縮の結果、指関節が伸びて繋軸が真っ直ぐとなり、球節を持ち上げるのです（Note：推進期には指屈筋群が遠位関節の伸筋として働きます）。踏み切りの終わりには、蹄尖が最後に地面から離れます。この時、蹄尖の長さによる回転モーメントが発生し、蹄尖が跳躍板のような役割を果たし、馬体を上方へ押し上げます。蹄尖が地面から離れると空中期がはじまり、後肢がしっかりと踏み込んできます。

障害飛越のバイオメカニクス

◀ 11.8 踏み切り直後における前肢にある諸関節の屈曲

障害物のバーを落とさないように、前肢のすべての関節を曲げている。鞍下の部分と頚の根元の筋肉の働きで、肩が水平になっている。下行胸筋（胸前）が収縮して肢を前方へ引き上げ、一方で橈側手根伸筋は肘関節の屈曲を助けている

## ◻ 前肢の前方への振り出し、屈曲、引き上げ

肩甲骨と上腕骨を前方へ振り出しながら、前肢にあるすべての関節が屈曲して、この動きが生まれます（11.8）。

### ▶ 肩甲骨と上腕骨の前方への伸展

この動きは筋肉の活動が組み合わさって起こります。肩甲骨の上端が後方へ引っ張られると、肩甲骨下端と上腕骨が引き上げられながら、前方へ振り出され、肩が水平になります。

- 第一段階は踏み切り後にはじまり、胸部僧帽筋が肩甲骨の上部を後方へ引っ張り、上腕頭筋と肩甲横突筋、下行胸筋が上腕骨を前方へ振り出します。
- 肢の引き上げ時には、2つの作用を介して肩甲骨の水平度合いが高まります。まず、胸部腹鋸筋が僧帽筋とともに、肩甲骨の上端を後方へ引っ張ります。次に下行胸筋がその求心性収縮を強めて上腕骨を引っ張り上げ、肩関節と肘関節を持ち上げます。

この動きは、側方運動における前肢の内転時に起きるものと同じです（Part3 第6章参照）。

### ▶ 関節の屈曲

前肢にある諸関節の屈曲は、すべて筋肉の求心性収縮と肢の慣性的な動きによるものです。

- 肩関節の屈曲は、上腕三頭筋（長頭）と三角筋、大円筋の求心性収縮の結果起こります。
- 肘関節の屈曲は、上腕三頭筋と上腕筋、橈側手根伸筋が相乗的に働いてはじまります（11.8）。
- 肢の遠位部にある諸関節（腕関節、球節、指関節）の屈曲は、まず前腕の後ろ側にある筋肉が求心性収縮してはじまります。引き続き、これらの関節の屈曲は、肘関節の急速な屈曲により発生する肢の慣性を利用した下脚部の「鞭打ち現象」*によって継続されるのです。

Note：鞭打ち現象に関連して、リヨン獣医科大学とアルフォール獣医科大学で行われた2つの形態計測研究により、管骨が長い馬は管骨が短い馬よりも障害飛越に優れていることが示されています。

---

＊監訳注：「鞭打ち現象」とは、鞭を強振した時に鞭の先端が振り遅れて、鞭先がしなる現象。

## 踏み切りと推進期における後肢のバイオメカニクス

障害物へのアプローチにおいて、踏み切り直前の最後のストライドは、次のとおりいくつかの段階に分けることができます（11.9）。肢の振り出しによる踏み込み、肢が着地した後の衝撃吸収期、能動的・受動的に推進に貢献する関節の荷重による最大屈曲、そして最後に後肢を真っ直ぐに伸ばして推進（上向きの推進）し、馬体を障害物上に押し上げます。

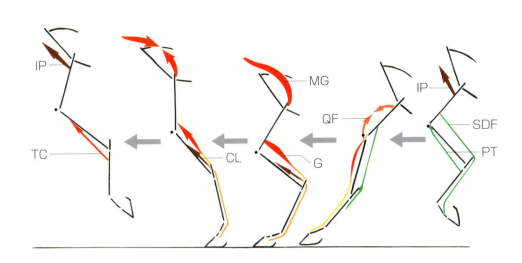

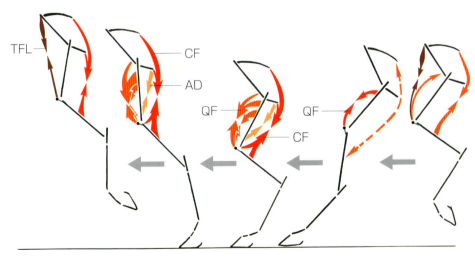

▲11.9　踏み切り時の後肢の筋活動
上図：腰下の筋肉群、骨盤周囲の筋肉群、脚部（下腿部）の筋肉群の活動
下図：大腿筋群の活動
**腰下と骨盤周囲の筋肉群**
　IP：腸腰筋、MG：中臀筋
**大腿筋群**
　QF：大腿四頭筋、TFL：大腿筋膜張筋、AD：内転筋群、CF：大腿尾側の筋肉群（大腿二頭筋前枝、半腱様筋、半膜様筋）
**脚部（下腿部）の筋肉群**
　TC：頭側脛骨筋、CL：下腿尾側の筋肉群（深趾屈腱とつながる筋肉群）、G：腓腹筋、SDF：浅趾屈筋、PT：第三腓骨筋

障害飛越のバイオメカニクス

▲ 11.10　踏み切り前の着地に備える後肢：最終ストライドの空中期（非スタンス期）
前肢は前駆を持ち上げる作業を終えている。後肢はすべての関節が屈曲しているが、特に腰仙関節と股関節が踏み込みを助けている

□ 後肢の踏み込みと着地の準備

後駆の沈み込みは、後肢が体重を支えていないスイング期に起きます。後肢の踏み込みは最終ストライドの空中期（非スタンス期）、かつ前肢による踏み切り後に終盤を迎えます（11.10）。この段階で股関節は屈曲しており、その他の関節（膝関節、飛節、趾関節）は屈曲から伸展へと転換します（11.10）。前肢による推進力が水平方向から垂直方向へ変わったことで後肢が前方へ引き出され、その踏み込みが助長されます。

▶ 股関節の屈曲

浅臀筋、大腿筋膜張筋、大腿直筋、体幹皮筋、そして最も重要な腸腰筋が作用して股関節を屈曲させますが、腸腰筋は腰仙関節も屈曲させて、後肢全体の踏み込みを助けます。ここで注目すべきは、股関節が着地の直前には屈曲を終えて、着地と同時にゆるやかに伸展していることです。

▶ その他の肢関節の屈曲

大腿尾側の筋肉群のなかでも、特に半腱様筋と大腿二頭筋の作用で、膝関節が屈曲します。この動きが相反連動構造（第三腓骨筋と浅趾屈筋）によってどのように反射的に飛節を屈曲させるかは、すでに解説しました（Part1 第2章参照）。飛節が屈曲すると、飛節の踵骨先端（飛端部）が後方に動くことによって浅趾屈腱が緊張し、球節の屈曲を誘発するのです。

アプローチ、踏み切りと推進期

▲ 11.11　後肢の着地時における関節の動きと筋活動
腰仙関節と股関節が屈曲して、後肢の踏み込みを容易にしている。その他の関節（膝関節、飛節、下脚部）はすべて伸展し、馬体の重心の真下に蹄を着地させている。前肢は前躯を持ち上げ、後躯からの推進力を待っている

▶ 肢の諸関節の伸展

　肢の中部・下部にある関節は、後肢が着地する直前に伸展します。これは股関節の伸展よりもわずかに早く、その程度も強くなります。後肢が着地する直前では、膝関節の伸展度合いは推進期の伸展よりも大きくなります（11.11）。

- 大腿四頭筋と大腿筋膜張筋の作用によって、膝関節が伸展しはじめます。
- 膝関節が伸展した結果、線維性の浅趾屈筋の働きによって反射的に飛節が伸びます。肢の尾側にある筋肉群、特に腓腹筋がこの動きを助けます。
- 管骨の前面で一組となっている2つの趾伸筋の作用で、球節と趾関節が伸展します。
- スイング期（非スタンス期）の終盤では、着地による衝撃を受ける直前に等尺性収縮が起こり、膝関節の関節面と半月板を固定して負荷への準備状態をつくります。蹄の着地による衝撃から生じる極度の圧力は、膝関節の関節面と半月板の固定によってある程度吸収されるのです。

## 障害飛越のバイオメカニクス

### ❏ 踏み切り直前に着地した後肢への荷重

前肢が踏み切った後に後肢が荷重するとともに、馬体の前躯が上昇すると、後躯が沈み込みます（11.12）。この間の諸関節の屈曲は、様々な筋肉群の遠心性収縮によって制御および制限されます。

- 股関節の屈曲は、中臀筋によって制御および制限されます。
- 膝関節の屈曲は、大腿四頭筋によって制御されます。
- 飛節の閉鎖（屈曲）は、浅趾屈筋と腓腹筋によって制限されます。
- 球節の沈下は、浅趾屈腱と深趾屈腱、および球節の懸垂装置（繋靱帯と種子骨靱帯）の緊張によって制御されます。

### ❏ スタンス中期：関節の最大屈曲

能動的・受動的に推進に貢献する肢関節への最大荷重が生じるのは、スタンス前期（衝撃吸収期）とスタンス後期の間にある短いスタンス中期です（11.13、11.14）。

臀筋群と大腿頭側の筋肉群はきわめて強く伸長しますが、この時の遠心性収縮は推進期に強力な求心性収縮に変わります。弾性に富んだ受動的な後肢の筋肉や腱も著しく伸長し、関節を伸展させて推進力を生み出すエネルギーを蓄えます。

▲ 11.12 着地後の右後肢の荷重
どちらの写真も、左後肢が馬体重心の真下に十分踏み込んで、着地に備えている。大腿尾側の筋肉群が十分に伸長している。前肢を屈曲させて「引き上げ」をはじめているが、この後の場面では一段とこれが顕著になる

アプローチ、踏み切りと推進期

▲ 11.13　踏み切り時における後肢のスタンス中期
すべての関節が最大に屈曲している。臀筋群（尻）と大腿筋群が、遠心性収縮から求心性収縮に移行し、非常に強く収縮している。飛節の屈曲は、浅趾屈筋と浅趾屈腱の強い緊張、および腓腹筋の収縮を介して制限される。球節は趾屈腱と球節の懸垂装置によって支えられる。近位の趾関節（冠関節）の屈曲に注目

▲ 11.14　推進前の後肢のスタンス中期
後肢の関節がすべて最大屈曲し、腰仙関節が伸展しはじめて後肢による推進を助けている

121

# 障害飛越のバイオメカニクス

▲ 11.15　踏み切り時の後肢による推進の開始
まず臀筋群の働きで腰仙関節と股関節が伸びる。写真左では、球節が過伸展しているにも関わらず、球節はわずかに浮上している。大腿筋群が緊張し、膝関節と飛節を伸展させている

## ☐ 推進期

　推進期は踏み切りの最終段階ですが、これまで解説してきた一連の動きで準備が整い、前肢の働きで馬体が上昇角度を保ちます。まず強力な筋肉の収縮が起き、後肢の関節すべてが同時かつ瞬時に伸展します（11.15、11.16）。

- 股関節の伸展は、基本的に中臀筋の働きによって生じますが、中臀筋は腰仙関節も伸展させます。大腿尾側の筋肉群が膝関節を後方へ引っ張ると同時に、（坐骨が下方向へ牽引されるので）骨盤が垂直になります。
- 大腿筋群の作用で膝関節が開きます。まず（股関節が伸展することで大腿直筋が作用して）大腿四頭筋が膝蓋骨を引っ張り上げます。次いで大腿尾側の筋肉群が膝関節を後方へ引っ張り、大腿骨と脛骨を直線化します。また、大腿内側の筋肉群（特に大内転筋）も股関節と膝関節の伸展に強力に働きかけます。
- 浅趾屈筋の受動的な作用と（膝関節の伸展に連動した）腓腹筋の能動的求心性収縮によって飛節が伸展します。
- 趾屈腱と球節の懸垂装置の弾力性、そして深趾屈筋の活発な求心性収縮に助けられて球節が持ち上がり、（冠関節が伸展して）繋が垂直に立ち上がります（11.17）。

## まとめ

　障害飛越の踏み切りと推進期に創出された力学的エネルギーによって、馬は次の段階である飛越期（跳躍期）へと押し出されますが、これについては第12章で解説します。

# アプローチ、踏み切りと推進期

◀ 11.16 踏み切り時の後肢による推進期の終盤①

臀筋と大腿筋群の求心性収縮を介して股関節、膝関節、飛節が著しく伸展していることに注目。障害飛越の飛越期（跳躍期）にも腰仙関節は伸展を続ける。球節は掌側の腱群の弾性により上昇を続ける。前肢の「引き上げ」は、障害物をクリアするのを助ける

◀ 11.17 踏み切り時の後肢による推進期の終盤②（障害物の高さ：2.05 m）

股関節、膝関節、飛節が最大伸展している。繋が垂直に立ち、蹄尖を支点に蹄が反回して、踏み切り時の推進が終わるところ

障害飛越のバイオメカニクス

# 第12章 踏み切りと推進期：体軸（頭、頚、体幹、骨盤）のバイオメカニクス

　体軸は頭、頚、体幹、骨盤で構成されます。これらの部位は、障害飛越でも特に踏み切り時に、大切な役割を担います。体幹は前肢の可動域を広げ、後躯による推進に備えます。本章では、各部位をつなぐ脊柱の動きを解説し、踏み切りを助ける重要な筋活動について説明します（12.1）。
　体軸のバイオメカニクスを解説するうえで、障害飛越前の踏み切り動作を3つの段階に分けます。

- 後肢の踏み込みとともに、胸腰椎と腰仙椎の屈曲が優勢となる踏み切りの初期段階。頚を伸ばす（起揚する）ことで前肢の推進力を助長します。
- 後肢が負重している間に逆方向への筋活動が働くことで体幹を安定させる段階。
- 腰仙椎の伸展と胸椎の屈曲に同調して生じる後肢による推進段階（12.2）。

▲12.1　腰仙椎（鞍より後ろの部分）と胸椎（鞍下の部分）の間における脊椎の屈曲から伸展への切り替え（障害物の高さ：1.95 m）
写真左：馬は後肢を踏み込み、胸椎を伸展させるとともに、腰仙椎を屈曲させて頚の起揚を助けている
写真右：腰仙椎を伸展させて、後躯による推進を終える。胸椎と頚椎の根元が屈曲している

# 踏み切りと推進期：体軸（頭、頸、体幹、骨盤）のバイオメカニクス

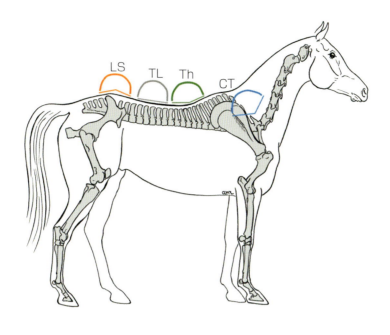

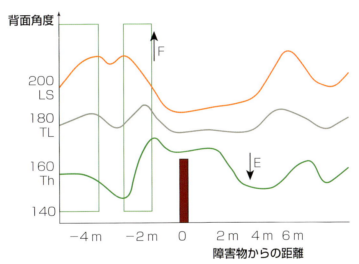

▲12.2　障害飛越中における脊椎の各部に生じる屈曲と伸展の実態
上図：測定を行った脊椎の各部
下図：胸椎、胸腰椎結合部、腰仙椎結合部の背面角度の変化を示す。グラフの上昇部は対応部位の屈曲（F）を示し、下降部は伸展（E）を示す。障害飛越前の踏み切りでは、腰仙椎結合部が胸椎部分とは反対の動きをしている
LS：腰仙椎結合部、TL：胸腰椎結合部、Th：胸椎、CT：頸胸椎結合部（頸の根元）

## 踏み切りの開始（12.3〜12.5）

踏み切りは前肢のスタンス期に起こり、後肢の踏み込みを促します。この段階の終盤に向けて、前肢による推進と連動して前躯が強く押し上げられます。

### 脊椎の可動部位（12.2〜12.5）

体幹部の脊椎では、腰仙椎結合部と胸腰椎結合部の2カ所で屈曲と伸展が可能です。

- 腰仙椎結合部では、最後腰椎間（L5/L6）と腰椎仙椎間（L6/S1）の2カ所の椎間が動きます。これらの部位では20〜30度の範囲で屈曲・伸展が可能ですが、側方への動きやローテーションは実質的には不可能であることを覚えておいてください。
- 胸腰椎結合部は第十六胸椎（T16）〜第二腰椎（L2）を指し、4つの椎間が存在します。解剖学的な形状から、この4つの椎間関節の可動域は最も大きくなります。

踏み切り時には胸腰椎結合部の屈曲に伴って、腰仙椎結合部が屈曲し、頚椎の根元と胸椎が伸展します。そしてこれらの脊椎の動きが頚の起揚を促し、前躯の上昇を助けます（12.2、12.5）。

### 関与する筋肉群

胸腰椎の屈曲と後肢の踏み込みには、2つの重要な筋肉群が関わっています。

- 腸腰筋（12.4）：腰仙椎結合部と股関節を屈曲させます。
- 腹筋群（腹直筋と腹斜筋；12.6）：腰仙椎結合部と胸腰椎結合部、その他の脊柱を屈曲させます。これらが収縮することで、馬体のフレームが縮まります。

▲ 12.3　水濠障害の踏み切りで、後肢の踏み込みを助けている腰仙関節の強力な屈曲
膝関節と、それより遠位の関節を伸ばして、後肢を適切な場所に着地させている

## 踏み切りと推進期：体軸（頭、頸、体幹、骨盤）のバイオメカニクス

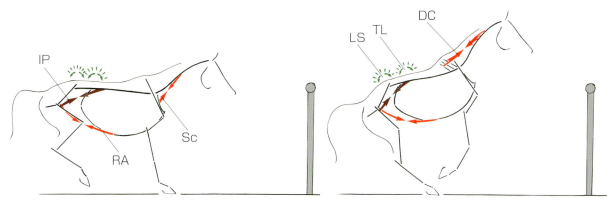

▲ 12.4　前肢（左図）と後肢（右図）の踏み切り時における、体幹と頸のバイオメカニクス
筋活動が一方では腰仙椎と胸腰椎の屈曲を助け、他方では胸椎と頚椎の伸展を助けている
IP：腸腰筋、RA：腹直筋、Sc：斜角筋、DC：頚部背側の筋肉群、LS：腰仙椎結合部、TL：胸腰椎結合部

▲ 12.5　障害物（高さ1.9m）に向かう踏み切り直前での体幹のポジショニング
後肢を踏み込んで前躯を起揚させ、馬体全体を上方のスイングへと導いている

▶ 12.6　踏み切り時、後肢が着地する前の腹筋群の収縮
腹筋群の収縮により腰仙関節と股関節が屈曲し、後肢の踏み込みを促している

## 体幹の安定と筋肉の逆作用（12.7～12.9）

後肢には踏み切り前の後肢が着地した直後から荷重がかかり、前躯は上昇します。ここで脊椎による体幹の安定化と、その維持について説明していきます。

体幹の安定化と維持のメカニズムは複雑です。基本的に踏み切り前の後肢を踏み込んだ体勢は後肢に推進力を発揮させるための準備体勢であり、腹筋と脊柱起立筋の同時等尺性収縮を必要とします。腹筋と脊柱起立筋の作用時間は短く、相乗的かつ補完的に働くことで、4つの動きが生じます（12.8～12.10）。

- 中臀筋と脊柱起立筋の働きによって体幹が上昇し、その体勢を支えることができます。脊柱起立筋の収縮は、脊柱を伸展させる傾向があります。それは効率的な動作とは逆行しているので、腹筋群（特に腹直筋）の同時等尺性収縮があって初めて脊柱の緊密な連携動作が可能になるのです。

◀ 12.7 脊柱が屈曲・伸展運動を逆転させる前の体幹の安定化
腹筋群の収縮に注目。これらの筋肉は後肢の推進期に胸腰椎を安定させる。このような筋肉の収縮は、脊柱起立筋による脊椎の伸展と相反するものであるが、結果的には前躯の起揚を助けている。この筋肉の収縮力は腰仙関節周囲を中心に発生している

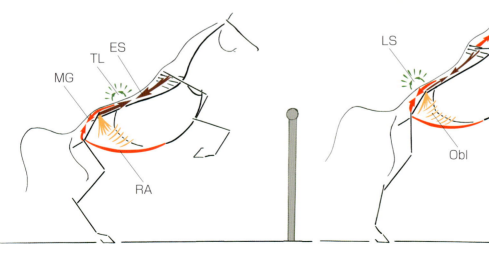

▲ 12.8 後肢の踏み切りにおける体幹と頚のバイオメカニクス
左図：体幹の安定化と脊椎周囲の伸筋群の作用
右図：腰仙椎結合部の伸展と、頚椎の根元と胸椎の屈曲
RA：腹直筋、MG：中臀筋、ES：脊柱起立筋、Obl：内腹斜筋と外腹斜筋、TL：胸腰椎結合部、LS：腰仙関節

踏み切りと推進期：体軸（頭、頸、体幹、骨盤）のバイオメカニクス

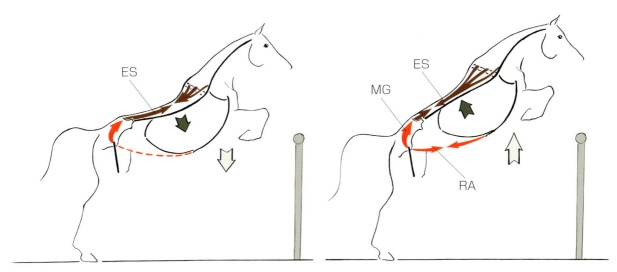

▲12.9　踏み切り時に腹筋が作用している場合（右図）と、腹筋が作用しない場合（左図）の体幹のバイオメカニクス

左図：腹筋が作用していない推進。脊柱起立筋（ES）が胸腰椎の伸展を誘発している。したがって馬は「背をくぼませた」状態で飛越し、前躯が十分に上がらない

右図：腹筋が作用している推進（RA：腹直筋）。中臀筋（MG）と脊柱起立筋が働いて、前躯を持ち上げている

▲12.10　踏み切り時に、腹筋の収縮が胸腰椎に与える影響

写真左：腹筋が同時に収縮した時の推進。馬の背中が真っ直ぐに伸び、後躯の力を効率良く伝達して押し上げている

写真右：脊柱の屈筋群（頸部背側の筋肉群と腹筋）の収縮が不十分なため、頸椎と胸腰椎が伸びている

障害飛越のバイオメカニクス

▲12.11　頚椎と胸椎が屈曲し、腰仙椎結合部が伸展している状態での水濠障害の飛越（12.3で示した馬の後続動作）
後肢の伸展で推進力が生まれ、腰仙椎結合部が力強く伸びている

- 腹筋と脊柱起立筋が同期して収縮することで、脊柱全体、特に椎間板が受ける圧力を調整します。腹壁筋群（腹斜筋と腹横筋）が収縮して、体幹を安定させることで、腹部と脊椎への圧力を分散させる重要な役割を果たしています。
- 脊柱の屈筋と伸筋が同時に収縮することで脊椎が固定され、後肢からもたらされた推進力を効率良く体幹と前駆に伝達します。この同期性収縮はまた、圧力に備える脊椎の構えをつくり出し、様々な調教での推進時に突発的に発生する多様な圧力を吸収します。
- 腹壁筋群の収縮は、胸腰椎上の脊椎起立筋の収縮と同期協力して、結果的に腰仙関節を集中的に制御します（12.11）。

このような動きは、伸筋群の求心性収縮に先駆けて起こり、同時に後肢の推進力が生み出されます。

## 推進期（12.11）

踏み切りの最終段階（推進期）では、頚胸椎結合部（両肩の間に位置する胸郭と頚との間の結合部であり、頭頚を相対的に下げさせます）の屈曲と胸椎の屈曲が起こり、胸腰椎が屈曲します。腰仙関節の伸展によって後肢の蹴り出しが強まります（12.2、12.11）。

- 頚胸椎の屈曲：この屈曲は、頚部腹側の筋肉群が収縮することで生じます。この筋肉群は項靭帯の緊張を高め、キ甲の背側の棘突起を前方へ引っ張って胸椎を屈曲させます（Part1 第3章参照）。胸椎の屈曲により脊椎が平坦になり、脊柱軸は後肢の蹴り出しに備えます。

- 腰仙関節の伸展：腰仙関節が伸展することによって後肢による推進が可能になります。それは、馬がもつ最も強力な筋肉である脊柱起立筋と中臀筋の求心性収縮によるものです（12.11）。また、中臀筋は非常に効率良く働く股関節の伸筋でもあります。

推進期の全般にわたって、腹壁筋群が等尺性に収縮して脊椎を支え、安定させることに寄与します。一方、腸腰筋が弛緩して、腰仙関節と股関節を解放して伸展させます。

## 頚部のバイオメカニクス

頚部のバイオメカニクスは、体幹全体の動きを理解するのに大いに役立ちます。

### ▢ 頚の下垂

飛越直前に前肢が着地した時、頚を下げることで、前肢に荷重がかかり、次の2つの作用を促します。
- 後躯の荷重軽減と踏み込み。
- 前躯を支える筋肉帯の伸長。これによって、その後の前肢による垂直方向への推進時に、前躯を支える筋肉帯の求心性収縮を増強します。

頚を下垂させる主な筋肉は、斜角筋（12.4）と上腕舌骨筋です。

### ▢ 頚の迅速な起揚

前肢による推進時に、頚を迅速に持ち上げることで前躯が軽くなります。また垂直方向の加速を助け、項靱帯と棘上靱帯をゆるめます。これによって胸腰椎の屈曲が促され、後躯が踏み込みます（12.12）。

頚の迅速な起揚に関わる筋肉群は、頚部背側の筋肉群、特に半棘筋と板状筋です。これらはキ甲の高い棘突起に起始しており、脊柱起立筋に誘導されて後方への牽引という働きもします。

◀ 12.12 頚胸椎結合部（両肩の間に位置する胸郭と頚との結合部）の伸展に伴う頭頚の起揚

この動きによって、障害物前で前躯が上がりはじめる。それと同時に棘上靱帯がゆるんで胸腰椎が屈曲し、後躯が踏み込む

## 障害飛越のバイオメカニクス

### ❏ 後肢による推進

後肢による推進時には、斜角筋と上腕舌骨筋の作用で頚胸椎が屈曲します。頚胸椎の屈曲によって胸腰椎が真っ直ぐに伸ばされ、安定します。頚胸椎の屈曲は、頚部背側の筋肉群の収縮と相まって、項靭帯と棘上靭帯を緊張させます。

頚胸椎の屈曲、項靭帯と棘上靭帯の緊張の2つの作用でキ甲の棘突起が前方へ引っ張られ、胸椎が屈曲し、脊柱起立筋による腰仙椎の伸展を可能にします（12.13、12.14）。

◀ **12.13 後肢による推進時の頭頚の下垂**
頚胸椎結合部の屈曲が頚部背側の筋肉群と腹筋の収縮とともに、背中の椎間の圧迫が増し、後肢による推進時に生まれた力の伝達を助けている。同時に脊柱起立筋（鞍下の部分）が頭側方向に伸びて、腰仙椎結合部の伸展を促す

◀ **12.14 頭頚部が大きく屈曲してトップラインを緊張（椎間の圧力の増加）させ、腰仙椎結合部を伸展させる**
クロスカントリー走行中のこの馬は、体軸の各部位が機能的にどのように関連しているかを如実に示している

障害飛越のバイオメカニクス
# 第13章 飛越期：脊柱と体幹の
　　　　バイオメカニクス

　踏み切りと推進期に起こるバイオメカニクスについて述べてきましたが、飛越期（跳躍期またはサスペンション期）の馬の動きについても解説していきます（13.1）。飛越期の動きは、馬ごとに大きく異なります。本章では、馬が生来持ち合わせている特性や、改善しなければならない弱点についても解説します。

　障害飛越の飛越期は、踏み切りや着地期に比べて筋肉の活動は強くありません。しかし、四肢や脊柱の構えになんらかの不規則性があれば、過失を招きかねないので、飛越期の動作を理解することは大切です。

　第12章と同じように、脊柱と体幹のバイオメカニクス、四肢のバイオメカニクスに分けます。飛越期は3つに分かれます（13.2）。まず飛越の上昇期（第1期）は、後肢による推進後に両後肢が地面を離れた時点からはじまります。飛越のピーク期（第2期）は、本当の意味での跳躍部分であり、そして飛越の下降期（第3期）は着地の準備をして、前肢が地面に着いた段階で終わります。それぞれの段階について、筋活動とその結果である関節の動きを解説します。

◀ 13.1　水濠障害上での飛越期の見事な実例
骨盤が軽くローテーションしていることに注目

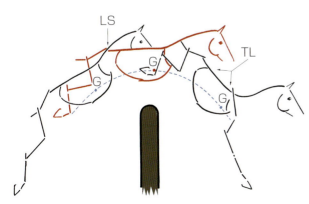

◀ 13.2　飛越期を構成する3つの主な段階
脊柱が部位によって様々な伸展がみられることに注目。また踏み切り時に決まる放物線に沿って、馬体の重心（G）が移動することにも注目
LS：腰仙椎結合部の伸展、TL：胸腰椎結合部の伸展

## 飛越の上昇期

### ❑ 動作学

後肢による推進期の終盤には頚の根元が屈曲し、飛越の上昇期の間はこれが続きます。この屈曲によって、通常は湾曲している頚胸椎結合部の脊椎が平らになり（13.3、13.4）、その結果として、胸椎がわずかに屈曲します（Part1 第3章参照）。また、頭頂部の伸展を伴うこともあります。

後肢が地面を離れると、直ちに胸腰椎に働いていた圧力（推進時に生まれた力）がゆるみます。馬体が上昇している間、胸腰椎にはほとんど動きがなく、徐々に軽く伸展するだけです（13.4、13.5）。

### ❑ 筋活動

飛越の上昇期に起こる最も強力な筋肉収縮は、斜角筋によるものです。斜角筋は、まず頚胸椎結合部を屈曲させ、頚部背側の筋肉群を使って頭部を伸ばすように作用します。胸腰部と腹部において、推進期に脊椎を支えて圧力を調節していた筋肉群の働きが変化します。飛越のピーク期（第2期）には腹筋群がゆるみ、脊柱起立筋が収縮して、胸腰椎と腰仙椎が伸展します。

◀ 13.3　飛越の上昇期
腰仙関節が伸展を続け、頚が下がって背中と直線状になり、鞍下（写真で鞍尾が上がっている部分）での胸椎が屈曲しはじめている

# 飛越期：脊柱と体幹のバイオメカニクス

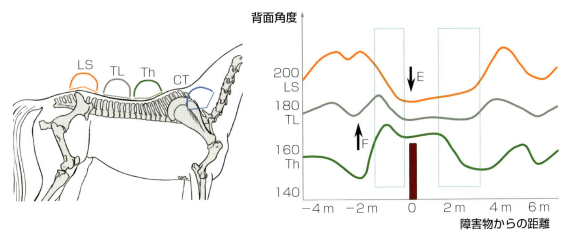

▲ 13.4 飛越時に、脊椎の各部に生じる屈曲と伸展の実態およびその強度
左図：測定を行った脊椎の各部
右図：胸椎、胸腰椎、腰仙椎の背面角度の変化を示す。グラフの上昇部は対応部位の屈曲（F）を示し、下降部は伸展（E）を示す。薄緑色で示した2カ所の縦帯部分は、飛越のピーク期をはさんだ飛越の上昇期と飛越の下降期を表す
LS：腰仙椎結合部、TL：胸腰椎結合部、Th：胸椎、CT：頚胸椎結合部（頚の根元）

▲ 13.5 飛越の上昇期
腰仙椎と頚椎の下部で緊張がほぐれ、関節角度がほぼ自然体になっている。腰仙椎結合部と胸腰椎結合部は伸展を続けている

## 飛越のピーク期

飛越のピーク期では、飛越中の馬体の軌跡に影響を与えるような筋活動はありませんが、馬は体軸（頭、頚、体幹、骨盤）や四肢（前肢と後肢）の相対的な位置を変えることはできます（13.6）。飛越のピーク期は、体幹の様々な部位で独立した動きが可能になります（13.7）。脊椎の動きは、正中線方向（縦方向）および横方向ともに可能です。

### 正中線での動き

脊椎は2カ所の主要な可動部位、すなわち頚胸椎結合部と腰仙椎結合部が動きます（13.7）。

▶ 頚胸椎結合部

頚胸椎結合部の動きは、障害物の種類や馬のタイプによって異なります。

- ロングジャンプ（例えば水濠障害）やバスキュールを描くような障害物の飛越では、頚椎と胸椎がある程度伸展するので、馬は背中をくぼませて飛越しているように見えます。この頚椎と胸椎の伸展は、脊柱起立筋の最も頭部寄り（胸部）の部位が収縮することによって起こります。
- 垂直障害（壁障害）あるいは高さのある障害物では頚が下がり、これに伴って胸椎が屈曲して（13.8）、馬は丸いアーチを描きながら飛越します。この頚胸椎の屈曲には、斜角筋と頚長筋が働いています。

▶ 腰仙椎結合部

腰仙椎結合部では、踏み切り時にはじまったゆるやかな伸展が増大します。踏み切り時に、障害物からかなり離れた地点に後肢が着地した場合は、早々に腰仙椎結合部の伸展がはじまります。腰仙椎結合部の伸展は、腰部の脊柱起立筋が求心性に収縮して起こります。これと同時に中臀筋はその作用を弱めて、股関節の屈曲を促します。

障害物へのアプローチにおける肢の踏み切り位置にもよりますが、馬は後肢が障害物をクリアしやすくするために、胸腰椎や腰仙椎を屈曲させることがあります。特にクリアするのが難しい場面を経験している馬の場合は、このような動きをみせます（13.9）。そのような状況では腹壁筋群と腸腰筋が収縮して、これを助けます（13.10）。

◀ 13.6 飛越のピーク期
腹筋をゆるめて腰仙椎を伸展させている

飛越期：脊柱と体幹のバイオメカニクス

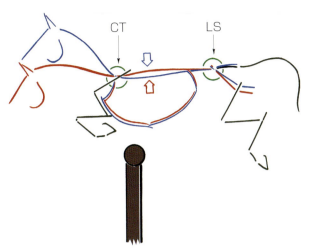

▲ 13.7 飛越のピーク期における脊椎の部位ごとの位置取り
頚の起揚（頚胸椎結合部の伸展）に伴い胸椎が伸展するが、一方で頚を下げた（頚胸椎の屈曲）時には同時に胸椎の屈曲が起こる
CT：頚胸椎結合部、LS：腰仙椎結合部

▲ 13.8 飛越のピーク期
非常に高さのある障害物（2.05 m）をクリアしようと、頚を大きく下げて後肢が障害物をクリアするのを助けている

▲ 13.9 飛越のピーク期に胸腰椎や腰仙椎を屈曲させはじめている
踏み切りが障害物から遠かったため、クリアするのに苦労している

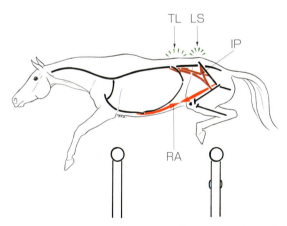

▲ 13.10 飛越のピーク期に、障害物を落下させずにクリアしようとする馬の体勢
後躯を引き戻す動きと後肢の屈曲が強まっている。これは腹直筋（RA）と腸腰筋（IP）が収縮した結果である。胸腰椎結合部（TL）と腰仙椎結合部（LS）が著しく屈曲している。膝関節を屈曲させているため、大腿尾側の筋肉群の遠位停止部では緊張が緩和されており、大腿筋群が伸びるので股関節の屈曲が制限されることはない

137

障害飛越のバイオメカニクス

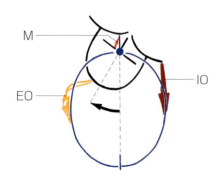

◀ 13.11　障害飛越時の脊椎ローテーション

図：胸郭と骨盤の正面図。胸腰椎をローテーションさせる筋肉群は、内腹斜筋（IO）と外腹斜筋（EO）、そして多裂筋（M）の胸腰椎部である

写真：飛越の下降期。胸椎（鞍下の部分）のローテーションを介して、また脊椎の右方への屈曲によって、後肢を右方へ逸れさせている。この動きでは、腹斜筋の役割が非常に大きい

### ■ 垂直横断面での動き

多くの馬は、飛越のピーク期に脊椎を側方へ曲げたり、ローテーションさせたりすることはありません。しかし一部の馬では、障害物の飛越中に著しいローテーションをみせることがありますが（13.11 図）、それはほとんどが同じ方向です。

脊椎のローテーションは主に胸椎のなかほど、第九〜第十四胸椎（馬には全部で18個の胸椎があります）の間で起こります。脊椎のローテーションには同じ部位で起こる脊椎の側方屈曲が伴います。この動きは内腹斜筋と外腹斜筋の求心性収縮でほぼ制御され、多裂筋によってもある程度制御されます（13.11 図）。

## 飛越の下降期

飛越の下降期（13.11 写真）には、脊柱を最大限に伸展させる必要があります。脊椎の伸展は、体幹の3カ所で起こります（13.2）。

- 頸胸椎結合部の伸展：頸の根元と胸椎との間が伸展することで、着地の準備を助けます（13.12）。これは頸部背側の筋肉群と胸部の脊柱起立筋が求心性収縮することで可能となります。
- 胸椎と胸腰椎結合部の伸展：この2つの部位が急速に最大伸展して、棘突起の間隔が非常にせばまります（13.13）。棘突起がぶつかり合うことによる脊椎の痛み、あるいは背中の小さな滑膜関節（椎間関節）の関節炎などは、胸椎と胸腰椎結合部の伸展が原因かもしれません。多くの競技馬が抱えている背痛や腰痛は、棘突起の衝突と椎間関節の関節炎という2種類の要因が関与している可能性があります。脊柱起立筋全体が収縮し、胸椎と胸腰椎結合部を伸展させて、後肢が障害物を越えるのを助けています。

飛越期：脊柱と体幹のバイオメカニクス

◀ 13.12　飛越の下降期における脊椎の伸展
頚を起揚させて前肢の着地に備えている。これによって胸椎が伸展する。胸腰椎結合部と腰仙椎結合部を最大に伸展させて、後肢が障害物を越えるのを助けている

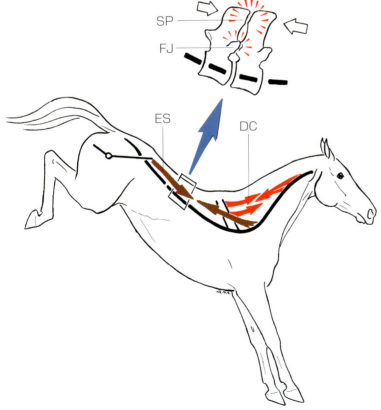

◀ 13.13　飛越の下降期における脊椎の伸展
頚部背側の筋肉群（DC）と脊柱起立筋（ES）が脊椎の伸筋である。脊椎の伸展は棘突起（SP）同士が接触し、背中の椎間関節（FJ）の圧力を高める可能性がある。これが背痛や腰痛の原因かもしれない

# 障害飛越のバイオメカニクス

▲ 13.14 飛越の下降期における胸腰椎結合部の伸展
この動きによって、後躯は障害物を越えることができる。後肢の着地に備えて、腰仙関節が伸展から屈曲へと切り替わっている

- 腰仙椎結合部の伸展：障害飛越の最終段階では、腰仙椎結合部を大きく伸ばすことで (13.12)、後肢が障害物を越えやすくしています。最終腰椎と第一仙骨の棘突起が多様な動きの特性をもっていることから、腰仙椎結合部の伸展が可能になるのです。腰仙椎結合部の伸展は、後躯だけを動かしますが、同じように腰仙関節の伸展がみられる推進期よりも飛越の下降期の方が腰仙椎結合部の伸展が容易です。この伸展は、腰部の脊柱起立筋が求心性収縮する結果によるものです。

腰仙椎結合部の伸展が最大に達すると、直ちに腰仙関節と股関節が屈曲しはじめます (13.14、13.15、詳しくは Part4 第15章参照)。なお、腰仙椎結合部の最大伸展が屈曲に移行するのは、前肢の着地前に起こります。

飛越期：脊柱と体幹のバイオメカニクス

▲ 13.15　飛越の下降期終盤では胸腰椎結合部が伸展し、腰仙椎結合部が屈曲しはじめている
頚の起揚に伴って胸椎が力強く伸展している。この伸展が、胸腰椎結合部の棘突起や椎間関節、椎間板に著しい圧力をかける原因となっている

障害飛越のバイオメカニクス
# 第14章 飛越期：四肢のバイオメカニクス

　第13章では障害飛越の飛越期における脊柱と体幹のバイオメカニクスを述べてきましたが、本章では四肢（前肢と後肢）のバイオメカニクスを解説します。飛越期に四肢をどのように動かすか、またその程度の違いは、馬の敏捷さに現れます。

## 前肢のバイオメカニクス

　飛越期における前肢のバイオメカニクスは、飛越の上昇期と飛越のピーク期の屈曲（14.1）、飛越の下降期の伸展に分けられます。

### ❏ 屈曲（「引き上げ」）

　前肢の「引き上げ」は、多くは踏み切り時にはじまり、肩関節の水平化とその他の肢関節を屈曲させます（14.1～14.4）。

### ❏ 肩関節の水平化

　この動作は、飛越の上昇期に効率の良い動きをするのに不可欠です（14.2～14.4）。肩甲骨の上端が後方へ引かれて肩甲骨が回転し、下端が引き上げられます。その回転の角度は、20度を超えることもあります。

- 胸部僧帽筋および胸部腹鋸筋の求心性収縮によって、肩甲骨の上端が後方へスライドします（14.3）。

◀ 14.1　飛越期における前肢と後肢の屈曲

飛越期：四肢のバイオメカニクス

◀ 14.2 飛越の上昇期における前肢の屈曲（「引き上げ」）
肩と前腕が水平となり、鞭打ち現象によって腕関節が屈曲している

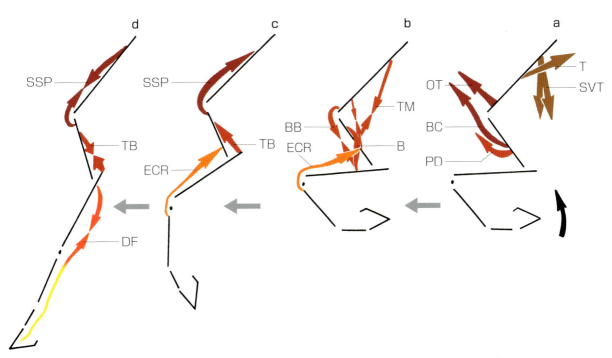

▲ 14.3 飛越の上昇期に前肢の屈曲に関わる筋肉と、前肢の着地に備えて飛越の下降期に前肢を伸長させる筋肉
(a) 肩の上昇
　T：頚部僧帽筋、SVT：胸部腹鋸筋、OT：肩甲横突筋、BC：上腕頭筋、PD：下行胸筋
(b) 諸関節の屈曲
　TM：大円筋、B：上腕筋、BB：上腕二頭筋、ECR：橈側手根伸筋
(c) 着地に備える諸関節の伸展
　SSP：棘上筋、TB：上腕三頭筋（内側頭）、ECR：橈側手根伸筋
(d) 着地前の前肢の最大伸展
　SSP：棘上筋、TB：上腕三頭筋（内側頭）、DF：指屈筋

## 障害飛越のバイオメカニクス

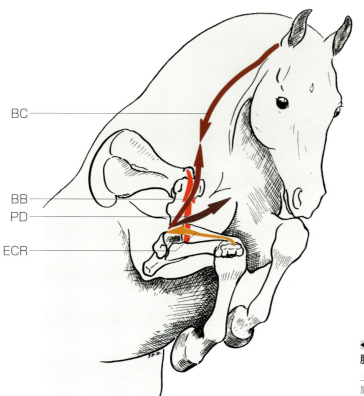

◀ 14.4 飛越の上昇期および飛越のピーク期における前肢の屈曲（「引き上げ」）

上腕頭筋（BC）と下行胸筋（PD）の求心性収縮を介して、肩端が上がる。また上腕二頭筋（BB）と橈側手根伸筋（ECR）が相乗的に求心性収縮して、肘関節が屈曲する

- 下行胸筋、上腕二頭筋（14.4）、肩甲横突筋の求心性収縮によって、肩端が上がる。

### 関節の屈曲

前肢では、すべての関節が同時に屈曲します。肢の上部の関節が屈曲して、それが肢の下部（管骨と指骨、14.2、14.5）に連鎖的な屈曲をもたらします。

- 肩関節が屈曲する角度は小さく、約20度です（その結果、肩関節の角度は約70度にまで減少します）。肩関節の屈曲は、上腕三頭筋の長頭、三角筋、大円筋が収縮してはじまります。
- 肘関節は、肩関節より大きく屈曲します。関節角度は約90度となり、駐立時の関節角度に比較して、45度ほど減少しています。この屈曲は、上腕二頭筋と上腕筋、橈側手根伸筋の複合作用でもたらされます（14.4、14.5）。
- 肘関節の素早い屈曲によって、下脚部が引っ張られることで鞭打ち現象による慣性が働き、それに加えて前腕尾側の筋肉群が求心性収縮することで、腕関節と指関節の屈曲をもたらします。

### ▶ 個体別の特徴（スタイル）

屈曲や伸展のほかに、馬によっては肢を横方向へ動かすことがあります（14.6）。

飛越期：四肢のバイオメカニクス

◀ 14.5 飛越のピーク期における、前肢と後肢の動きの完璧な対称性

前肢ではすべての関節が屈曲している。肩を水平にして、前膝の上がりを助けている。上腕頭筋と肩甲横突筋の求心性収縮を介して、肩端が前上方へ引き上げられている。鞍下の位置にある肩の上端は、胸部腹鋸筋の収縮で下がっている。肘関節と肩関節が最大に屈曲している。腕関節と球節の屈曲で、蹄が肘に接触する位置にまできている

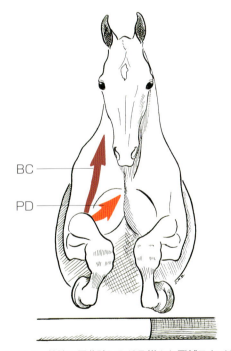
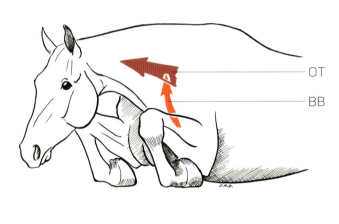

▲14.6 前肢の屈曲時にみせる様々な飛越スタイル
左図：下行胸筋（PD）と上腕頭筋（BC）の作用を介した前肢の内転
右図：軽く外転している前肢（前膝）。上腕二頭筋（BB）の働きで肘が屈曲をはじめ、一方で肩甲横突筋（OT）の求心性収縮によって肩が前方へ引き上げられている

145

## 障害飛越のバイオメカニクス

- 肘関節が屈曲して肩が上がると、通常は左右の腕関節（前膝）が接近します。これは内転動作であり、主に上腕骨を内方へローテーションさせる下行胸筋の収縮で制御されています（14.6、14.7）。多くの場合はこれに伴って管骨が内方へローテーションし、蹄が外方へ逸れます（14.6）。
- 一部の馬では、上腕骨の内転が起きません。このような馬の場合は、下行胸筋がそれほど前肢の引き上げに関わっておらず、その代わりに肩甲横突筋が働きます。肩甲横突筋の収縮で肩が上がり、一方で上腕二頭筋と上腕筋が肘関節を屈曲させます。さらに一部の馬では、同じ障害飛越時でも、肢が内転した直後に外転が起こります。
- 障害飛越にそれほど熟練していない馬の場合は、飛越の上昇期に肩の引き上げや肘関節の屈曲が不十分なことがあります（14.8）。
- 障害飛越にそれほど熟練していない馬とは対照的に、踏み切りや飛越後の着地が障害物から遠すぎて飛越速度が速い場合には、障害物を無事に越えようとして肩の水平化と伸長が一段と顕著になります（14.9）。

▲ 14.7　飛越の上昇期の前肢の引き上げ
下行胸筋と上腕頭筋が収縮して、上腕骨と肩端を引き上げている。また上腕二頭筋と上腕筋、橈側手根伸筋の求心性収縮を介して、肘関節が屈曲している

飛越期：四肢のバイオメカニクス

▲ 14.8　飛越のピーク期に肘関節を曲げ損ねて、肩も前膝も上がっていない

肘関節の屈曲不足に注目。肩と前腕がほぼ垂直のままである。この馬の場合、上腕頭筋と下行胸筋が上腕骨と肩甲骨を作動させていないだけでなく、上腕二頭筋と上腕筋の収縮が足りず、肘関節の屈曲が制限されている

▲ 14.9　肩が水平化し、上腕と肘を振り出している飛越の上昇期における総合競技馬

上腕頭筋と下行胸筋がきわめて強く求心性収縮し、上腕骨を（したがって肩端と肘を）前方へ引っ張っている。上腕二頭筋と上腕筋が肘関節を屈曲させている

障害飛越のバイオメカニクス

◀ 14.10 飛越後の着地に備えて、腕関節を伸ばしはじめている

前腕部背側の筋肉収縮がはっきりと分かる。肢の上部にある肩関節と肘関節が伸びはじめる

### ■ 伸展期

飛越のピーク期に、関節を伸展させて着地に備える動作をはじめることがあります。肘関節に先行して肩関節と腕関節が伸展します（14.10）。そして残りの関節が伸展するとともに（14.11）、着地に向けて肩が滑るように徐々に降下します（14.12）。

- 棘上筋の求心性収縮によって、肩関節が伸展しはじめます（14.3）。飛越後の着地を迎えるこの動作の終盤には、肩関節の伸展が最大に達します。この時肩関節の角度は、120度になることがあります。
- 肘関節の伸展は当初はわずかですが、その後は急速に角度が増大し、約140度となり、前腕は地面に対して垂直になります。肘関節の伸展は、上腕三頭筋の外側頭と内側頭の求心性収縮によるものです。
- 腕関節の伸展は、主に橈側手根伸筋の求心性収縮ではじまり、前腕と管骨の直線化（180度）を再構築します。
- 球節と指関節の伸展は、肢の上部の関節よりも遅れて起こります。これは総指伸筋と外側指伸筋の求心性収縮によるものです。スローモーション映像で確認すると、球節と指関節の伸展は、着地直前に波動のように継続的（球節、冠関節、そして蹄関節の伸展へと）に起こります。このような動作は、指屈筋が着地時の荷重吸収に備えて収縮することで、それらの指屈腱に蓄えられたゆるやかな張力によって起こります。
- 最終的に、両前肢に挟まれた体幹を飛越後の着地時にゆっくりと沈下させるために、両肩が下方へ滑走します。これが肢の着地を促して、前肢への荷重時間を長くするのです（14.11、14.12）。
- 肩甲骨の下方への滑走は、腹鋸筋（頚部腹鋸筋と胸部腹鋸筋）と鎖骨下筋が求心性に収縮した結果として起こります。腹鋸筋と鎖骨下筋は求心性収縮によって荷重に備えるとともに、飛越後の着地時には遠心性収縮を駆使して、肢の荷重機能における重要な役割を果たしています。

飛越期：四肢のバイオメカニクス

▶ 14.11 着地に備えた前肢の諸関節の伸展

前肢が着地した後のスタンス期に起こる筋肉群の遠心性収縮に備え、肩関節と肘関節を伸展させている。棘上筋の求心性収縮によって肩関節が伸展しはじめる。肘関節の伸展は、上腕三頭筋が求心性収縮して起こる。腹鋸筋と鎖骨下筋の求心性収縮によって肩甲骨が下がり、それに続いて肢全体が下方へ引き伸ばされる

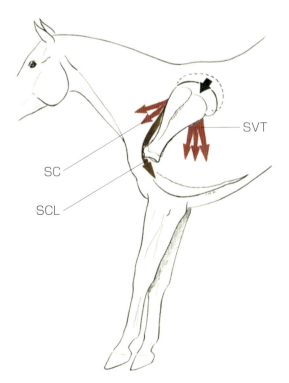

▼ 14.12 着地時に肢の上部へ荷重がかかるのに備えて、前肢の先端を体から離している

胸部腹鋸筋（SVT）と頚部腹鋸筋（SC）が求心性収縮した結果、肩甲骨（SCL）が下がる

149

障害飛越のバイオメカニクス

## 後肢のバイオメカニクス

飛越期に後肢で起こる主な動きといえば、諸関節の屈曲ですが、これに関連した大切な動きもあります。それは前肢でいえば、飛越スタイルを特徴づける様々な個体差に相当します。

### 関節の屈曲

踏み切りと推進期の終盤では後肢が最大に伸展しますが、その後は関節が徐々に屈曲しはじめて、飛越の下降期に至るまで、その屈曲度合いを強めます（14.13）。

- 股関節の屈曲は、本質的には腸骨筋の作用で起こります。大腰筋の作用は非常に弱いため、腰仙関節の伸展を妨げることはありません。股関節の角度は、時には80度を下回ることもあります。

- 半腱様筋と大腿二頭筋の収縮によって膝関節が屈曲します。腓腹筋（これに浅趾屈筋が加わり）と膝窩筋が膝関節屈曲の終盤に向かって作用します。腓腹筋と膝窩筋の作用で、膝関節の角度は50度未満となります。

- 膝関節の屈曲と連動して、飛節が屈曲します。これは相反連動構造の作用によるもので、脛骨の前面にある第三腓骨筋（馬の場合は完全に線維化しており弾力性がある）と、脛骨の後面にある浅趾屈筋で構成されます。相反連動構造は、下脚部の関節とも連動する働きをします（Part1 第2章参照）。屈曲時、特にその初期段階では膝関節の閉鎖により第三腓骨筋が上方に牽引され、その結果として連動的に飛節を屈曲させるのです。飛節は、約35度まで曲がります。

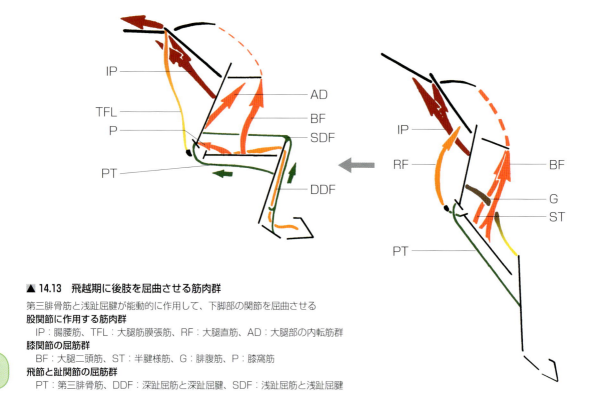

▲ 14.13 飛越期に後肢を屈曲させる筋肉群
第三腓骨筋と浅趾屈腱が能動的に作用して、下脚部の関節を屈曲させる
**股関節に作用する筋肉群**
　IP：腸腰筋、TFL：大腿筋膜張筋、RF：大腿直筋、AD：大腿部の内転筋群
**膝関節の屈筋群**
　BF：大腿二頭筋、ST：半腱様筋、G：腓腹筋、P：膝窩筋
**飛節と趾関節の屈筋群**
　PT：第三腓骨筋、DDF：深趾屈筋と深趾屈腱、SDF：浅趾屈筋と浅趾屈腱

150

飛越期：四肢のバイオメカニクス

- 球節も相反連動構造の影響を受けます（14.13）。飛節が曲がると、踵骨先端を遠心的に後方へ動かし、踵骨が浅趾屈腱にとって滑車のように作用します。その結果、浅趾屈腱が緊張して、球節と近位の趾関節が連動的に屈曲するのです。
- 相反連動構造に加えて、蹄骨に付着する長い深趾屈腱に引き伸ばされ、深趾屈筋が求心性に収縮して、蹄関節が屈曲します。

飛越の下降期の初期、そして時には飛越のピーク期にも、肢の屈曲に伴って腰仙関節が伸びます（14.14、14.15）。これによって股関節が開き、骨盤を上方および後方へ回転させますが、後肢が障害物を越えるのを助けるため、後肢のその他の関節はまだ屈曲したままです。

◀ 14.14　飛越のピーク期における後肢の理想的な状態

膝関節、飛節そして趾関節がきわめて強く屈曲している。股関節と腰仙椎結合部が伸展することで、後肢の先端を引き上げている。股関節の伸展と膝関節の屈曲の結果、大腿直筋が著しく伸びている。この大腿直筋の柔軟性が動き全体を向上させている

◀ 14.15　飛越のピーク期における腰仙椎結合部の伸展

腰仙椎結合部と股関節の伸展に続いて、後肢全体が屈曲したまま、後方へ振り戻されている

障害飛越のバイオメカニクス

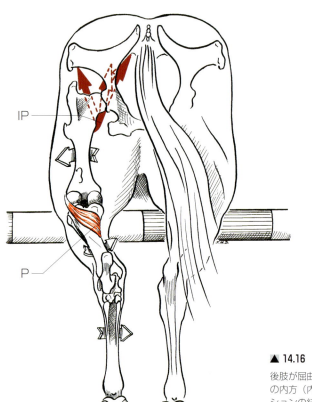

▲ 14.16　飛越のピーク期における後肢の屈曲に関わる動き

後肢が屈曲する途中で、大腿骨が外方（外側）へローテーションする。これは脛骨の内方（内側）へのローテーションを補正する。大腿骨の外転と外方へのローテーションの結果、膝関節が（正中線から離れて）外側へ動く。脛骨が内方へローテーションして内転し、左右の飛節の間隔が狭くなる。こうした一連の動きの結果、左右の管骨は平行した状態を維持する
IP：腸腰筋、P：膝窩筋

### ❑ 関連する動き

後肢の屈曲は、側方への動きやローテーションと連動したものですが、その連動性は前肢の場合よりも顕著です（14.16）。

- 腸腰筋は大腿骨の内側面を引っ張り、その結果、大腿骨が外方へローテーションします。これが誘因となり、脛骨と飛節が内方へ変位します。同時に深臀筋が働き、膝関節が外転します。
- 膝関節の屈曲には、いつも脛骨の内方へのローテーションが伴います。それは大腿骨顆が不均等な形をしていることと、膝窩筋の作用によるものです。
- 脛骨の内方へのローテーションは、脛骨の遠位関節面を垂直にします。この動きは、飛節が屈曲する時に、脛骨と飛節の接続部に生じる捻れを補正し、左右の管骨を平行に保っています。

### ❑ 個体による違い（スタイル）

障害飛越で過失を起こしやすいのは後肢です。特に飛越の下降期では、障害飛越の過失を防ぐ方法として3つの動作があります（14.17、14.18）。馬の能力やその飛越スタイル、そして障害物の種類に応じて、異なるテクニックが使われます。

- 第1のタイプ（**14.17 左図1** の体勢）
胸腰椎結合部と腰仙椎結合部を大きく伸ばして、後肢の屈曲不足を補います。過失を避けるためのこの動作では、身体的な努力が最も要求されます。飛節の角度は90度を超えます。
- 第2のタイプ（**14.17 左図2** の体勢）
股関節を含むすべての肢関節が屈曲します。後肢は骨盤の下で屈曲します。第1のタイプに比べて脊椎の伸展は少なくなります。飛節の角度は90度未満です。

飛越期：四肢のバイオメカニクス

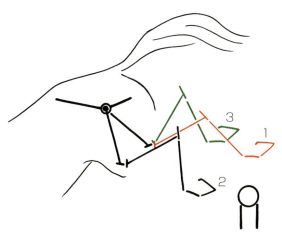 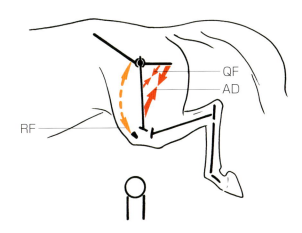

▲ 14.17　飛越期における後肢の様々な体勢
左図1（第1のタイプ）：すべての関節が中途半端に屈曲（あるいは伸展）している
左図2（第2のタイプ）：すべての関節が屈曲している
左図3（第3のタイプ）：股関節が伸展し、膝関節から下の関節が屈曲している
右図：筋活動。大腿部の内転筋（AD）と大腿方形筋（QF）の求心性収縮。大腿直筋（RF）が伸展している

▲ 14.18　飛越の下降期の終盤における後肢の蹴り上げ
股関節と腰仙関節が伸展して、下脚部を蹴り上げ、後肢の障害物のクリアを助けている

153

障害飛越のバイオメカニクス

▲14.19 クロスカントリーの幅障害での飛越のピーク期における後肢の中途半端な屈曲
障害物にアプローチした時の速度が速すぎたため、飛越のピーク期に後肢の関節を十分に屈曲する余裕がない

■ 第3のタイプ（14.17　左図3の体勢）
このタイプは、飛越のピーク期のみならず下降期でも最も適した動作です。股関節の伸展とともに膝関節と飛節が屈曲しています。大腿直筋が著しく伸長しますが、その伸びの特性を利用して膝関節と飛節の伸展を制限するように働いています。この動作に最も寄与しているのは内転筋と大腿方形筋です。

飛越期における後肢の動作は、速度に左右されます。速度が速いと、馬は四肢を十分に伸ばして、効率良い推進力を確保しなければならず、その後はすぐに着地に備える必要があります。そのため、飛越期に肢関節を十分に屈曲させることはできません（14.19）。

つまり、飛越中になんらかの問題が生じると、後肢のバイオメカニクスは前肢の場合と同じく乱れる可能性があります（14.20）。障害物が高すぎたり、幅が広すぎたり、あるいは踏み切り地点が障害物から遠すぎる場合などでは、障害物を落下させずに飛越するために、馬は後肢を過度に屈曲させなければなりません。

飛越期：四肢のバイオメカニクス

▲ 14.20　高い垂直障害（2.05 m）での飛越のピーク期における後肢の過度な屈曲
飛節を過度に屈曲させ、脛骨を内方へローテーションさせたため、球節が膝関節より内側に位置している

## まとめ

　障害飛越中の馬の動きは、バイオメカニクスと身体鍛錬運動の観点から解析することができます。この解析結果にもとづいて、競技種目に適した馬を選ぶことができるのです。さらに、馬の運動器官を傷めない運動方法や運動項目を選ぶことで、正しい調教を行うことができ、個々の馬が持つ身体能力を最高レベルにまで引き出すことができるようになります。

障害飛越のバイオメカニクス

# 第15章 着地期：脊柱のバイオメカニクス

飛越の下降期に続いて、着地期を迎えます。馬のもつ機敏性と推進力は、障害飛越の最初の段階で重要な働きをしていますが、障害飛越の最終段階でも再び重要になります。着地期では、関節角度の変化の速さが最大となり、機械的なストレスが増加します。しかし、特に大切なのは、障害飛越競技に必須な要素である体バランスを馬が取り戻さなければならない点です。

筋活動や関節の動きに関わる力に焦点を当てて考えると、飛越後の着地期は3段階に分けることができます。まず前肢の着地期で、脊柱が徐々に屈曲します（15.1）。これに続く飛越後の空中期は非常に短く、時にはないこともあり、脊椎の屈曲が最大となる特徴があります。最後は後肢の着地期であり、この段階で体バランスの立て直しを促します。

## 前肢の着地期

体幹についてみると、前肢の着地期では著しく、かつ急速に脊柱が屈曲する特徴があり、多くの場合はそれが飛越の下降期にはじまります（15.2）。この動きには、複数の脊椎結合部が次々と関わってきます（15.3、15.4）。

### 腰仙椎結合部

腰仙椎結合部は腰仙関節（L6/S1）と最後の腰椎間関節（L5/L6）からなり、これらの関節は多くの馬で著しい可動性を示します。飛越の下降期には、腰仙椎結合部が最初に屈曲へと移行します（15.1、15.3）。飛越期におけるこれらの関節は、

◀ 15.1 着地期における前肢への荷重

前躯と頸部、胸腰部には最大のストレスがかかっている。頸胸椎結合部と胸椎の頭側部（キ甲）が力強く伸展している。後肢が伸長し、後躯全体が降下して、腰仙関節が屈曲する。腸腰筋の2つの部位（大腰筋と腸骨筋）がこれらの動きを助ける

着地期：脊柱のバイオメカニクス

◀ 15.2 着地期の前肢への荷重時における胸腰椎結合部と腰仙椎結合部の著しい伸展
遅い速度でのウォームアップのための飛越では、背中と骨盤の伸展が長く続く。それは脊柱起立筋（鞍下とその後方部分）と中臀筋（尻の輪郭を形成している部位）の複合作用の結果である。同時に、腸腰筋と恥骨筋の作用を介して股関節が屈曲する。股関節の屈曲は、腰仙関節と胸腰関節の屈曲に先駆けて起こる

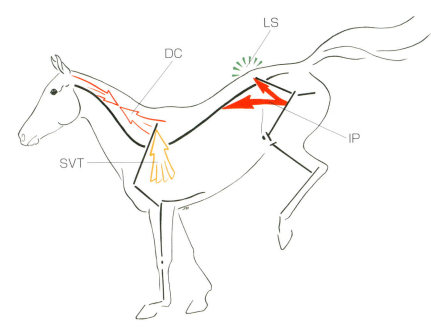

◀ 15.3 着地期における前肢のスタンス期
胸部腹鋸筋（SVT）がしっかりと前躯を支える。頚部背側の筋肉群（DC）が頚の下降を制御している。腸腰筋（IP）の作用で、腰仙関節（LS）が屈曲しはじめ、後肢が伸長する

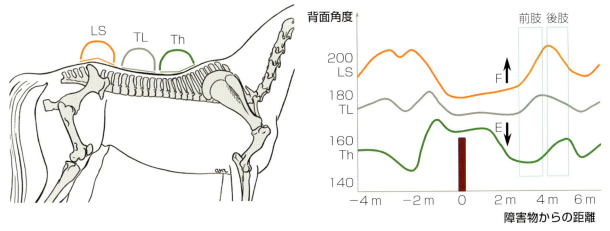

◀ 15.4 着地における腰仙椎結合部（LS）、胸腰椎結合部（TL）、胸椎（Th）の屈曲（F）と伸展（E）
飛越後の前肢のスタンス期には、脊柱全体が屈曲へと動く。後肢が着地するとすぐに腰仙椎結合部と胸腰椎結合部が伸展して、馬体の前進を促す

# 障害飛越のバイオメカニクス

▲ 15.5　着地直後の前肢のスタンス期における後肢の伸長
写真右で明らかなように、腹直筋が収縮することで腰仙関節が屈曲する。後肢が着地に備えて伸長しはじめる

最大伸展の状態から総体的に20〜30度ほど変位します。

腸腰筋の強力な求心性収縮でまず腰仙椎結合部の屈曲が起こりますが、同時に股関節も屈曲させます。次の段階では腹壁筋群、特に腹直筋の収縮が、腰仙椎結合部や股関節の総体的な動きを促進します（15.5）。

### ☐ 胸腰椎結合部

腰仙椎結合部とともに胸腰椎結合部は後肢の伸長を助けます。後肢の踏み込みは、馬が前進するためのバランスを取り直すのに欠かせない要素の1つです。第十六胸椎と第二腰椎の間にある4つの椎間関節腔は、関節ごとに3段階の動きをみせ、これらの関節が連動し、この部位の脊椎に大きな屈曲をもたらします。

脊椎の屈曲時には、腹直筋が最も大きな働きをします。それは腹直筋の起始部と停止部との間に距離があることから、この部分に最大のトルクが発生すること、さらにはその筋腹の長さゆえに、求心性収縮の際に大きな短縮を可能にすることなどによるものです（15.6）。飛越後、前肢が着地すると、すぐに後躯が降下して、胸腰椎結合部と腰仙関節の屈曲に寄与します。

### ☐ 頚胸椎結合部

頚を下垂させる動作は頚胸椎結合部の屈曲により起こり、着地期の前肢への負荷吸収に大きな助けとなります（15.7）。頚胸椎結合部の屈曲は、頚の屈筋の作用ではなく、頭と頚の重さによる慣性で自然に起こる動きです。しかしながら、項靭帯の張力と頚部背側の筋肉群の遠心性収縮によって、歯止めがかかります。したがって、障害飛越中にすべての脊椎結合部が同時に屈曲するのは、着地期に前肢に荷重している期間だけです。

着地期：脊柱のバイオメカニクス

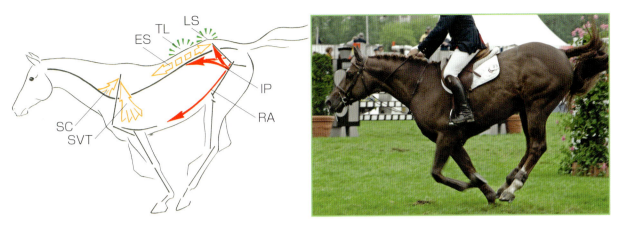

▲ 15.6　着地期における後躯の際立った踏み込みと短時間の空中期
前肢への荷重時には、腹鋸筋群が前肢間にある胸郭の沈下を制御している（SC：頚部腹鋸筋、SVT：胸部腹鋸筋）。腸腰筋（IP）と腹直筋（RA）の作用で、腰仙椎結合部（LS）と胸腰椎結合部（TL）が強力に屈曲する。脊柱起立筋（ES）が著しく伸長している。写真では、腹筋（腹直筋と腹斜筋）の収縮が明らかである。大腿尾側の筋肉群が最大に伸長している

▲ 15.7　着地期の前肢間にある胸郭の沈下に伴って前肢に過度の負荷がかかるのを軽減するための頭頚の下垂
頚胸椎結合部の屈曲は、キ甲の棘突起同士がぶつかり合うリスクを軽減する

159

障害飛越のバイオメカニクス

## 飛越後の空中期

　飛越後の空中期の長さは馬によって、また前肢のスタンス期の長さによっても大きく異なります。あるいは障害物の高さと障害飛越の速度によって決まるともいえます。前肢のスタンス期とそれに続く後肢のスタンス期の間には、常に中間期があり、いくつかの特徴があります。

- 腰仙椎結合部と胸腰椎結合部が最大限に屈曲しますが、多くの場合は踏み切り時の屈曲よりも度合いは大きくなります（15.6、15.8）。そのため、椎体と椎間板にきわめて強い圧縮が生じます（15.9）。さらに棘間靱帯が緊張して、棘上靱帯は強く引っ張られます。このような機械的ストレスが、障害競技馬にみられる背痛や腰痛の主な原因の1つと思われます。特に背痛や腰痛を生じる病態の1つとして、棘上靱帯の停止部における靱帯損傷があります（15.9）。脊柱起立筋は最大限に伸長します。この強靱な筋肉の柔軟性と弾力性が脊椎屈曲の度合いを左右し、効率良く体バランスを取り直すのに役立ちます。この動きを向上させるにはトップラインのしなやかさを高め、腹側の筋肉連鎖の調和（Part2 第4章参照）を改善する調教を行う必要があります。
- 頚胸椎結合部がまず伸展して、頚の起揚を助けます。その結果、前駆への負荷が軽減され、体バランスを取り直しやすくなります。この動きは、頚部背側の筋肉群が求心性収縮した結果によるものです（15.10）。

▲ 15.8　飛越後の着地時の短い空中期に備えている

この空中期は前肢のスタンス期と後肢のスタンス期の間に起こる。手前前肢（左前肢）が馬体を推進している。後肢を伸ばし続け、飛越後の着地に備えている。後肢の踏み込みの程度は、腰仙椎結合部の屈曲（および強靱な中臀筋の遠心性の伸長）、それに大腿尾側の筋肉群の伸長度合いで決まる

着地期：脊柱のバイオメカニクス

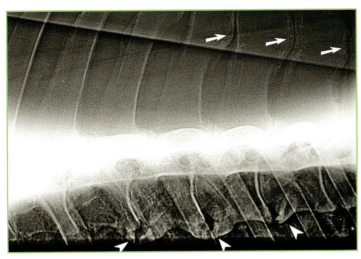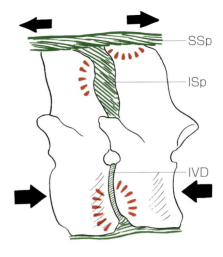

▲ 15.9　胸腰椎の屈曲時にかかる脊椎へのストレスと、胸椎が屈曲と伸展を繰り返すことにより発生した病変部位

図に示すように棘上靭帯（SSp）がきわめて強く牽引しており、そのため棘突起先端の靭帯停止部で病変を生じる可能性がある。棘間靭帯（ISp）への緊張も、棘突起の頭側と尾側の境で同じように病変を生じさせる可能性がある。特に腹側で最も強い圧縮が起こるのは椎間板（IVD）である。X線画像（左）はグランプリクラスの馬のものだが、キ甲のすぐ後ろ（T10、第十胸椎）で棘突起（白矢印）が強くぶつかり合った形跡がある。また第十～十四胸椎の椎体で脊椎の粗鬆症（白矢頭は脊椎間のブリッジ形成病変）が顕著である

▲ 15.10　飛越後の空中期に手前前肢（左前肢）の推進力によって馬体のバランスを取り、前駆の起揚を助けている

左前肢による推進は、後肢の着地前に終わるため、短い空中期が生じる。この空中期は、障害飛越の速度が速くなるほど明確になる。腹鋸筋と頚部背側の筋肉群が収縮して前駆の起揚を強力に助けるが、これは前肢のスタンス期と空中期の間に起こる

## 後肢の着地期

　後肢に荷重して前躯が浮くと、脊椎背側の筋肉群が強く収縮し、椎間板の圧縮度が増します（**15.11**）。簡単な力学的解析から逆算することによって、この状況を図解することができます。この時のストレスを静的状態で考えた場合、腰仙椎結合部について次のように説明できます。

- W はライダーの体重と馬体重（骨盤と後肢を除く）の合計。
- l は馬の前躯と体幹の重心 G から腰仙関節までの距離。
- h は腰仙椎結合部の棘突起と腸骨稜の平均的な高さ。

　したがって、前躯を支える伸筋が生み出す力（F）は、次の式で導かれます。

$$W \times l = F \times h、あるいは、F = W \times l / h$$

　例えばストレスがわずかな状態で、W＝4,000 N（N：ニュートン）、l＝100 cm、h＝10 cm の場合は：

$$F = 4,000 \times 100 / 10 = 40,000 \, N \, (4 \, t)$$

　この計算の結果から、特に椎間板の腹側部では数百 $N/m^2$ のストレスを受けていることが分かります。

　実際は動いているので、加速度の変動を評価することも難しく、実際の飛越で受ける力は前述の例よりもはるかに大きくなり、瞬間的なストレスは2倍または3倍になり得ます。幸いなことに、強いストレスがかかるのはほんの一瞬のことですが、この計算から競技馬になぜ背痛や腰痛が発症するのか、容易に理解できることでしょう。

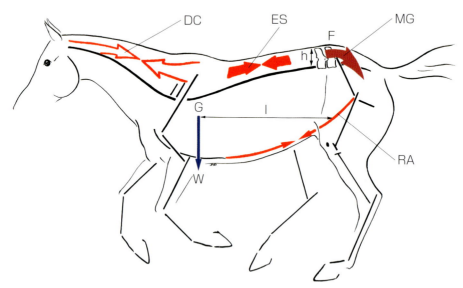

▲ **15.11** 飛越後の後肢の最初の負重時に脊椎にかかるストレス

前肢に荷重していないため、馬体のバランスを取り直すには、脊椎で馬体重（W）を支えなければならない。頚部背側の筋肉（DC）と脊柱起立筋（ES）が強く緊張して脊椎を固定し、これが強力な中臀筋（MG）によって引き上げられる。腹直筋（RA）が収縮して、脊椎にかかるストレスを緩和し、バランスを取る

着地期：脊柱のバイオメカニクス

◀ 15.12 着地期に体バランスを取ろうとしている馬
後肢に荷重して、前駆が起揚しはじめている。強力な中臀筋の作用で、体幹の動きが下方向から上向きへと変わっている。頚部背側の筋肉群と脊柱起立筋（鞍下とその後ろの部分）が緊張している。これらの筋肉が収縮することで体幹と前駆が吊り上げられるが、一方でこれらの筋肉は強く引き伸ばされている。この時脊椎への圧縮力は強まるが、このような圧縮力は、腹壁筋群の収縮を介して胸腰椎結合部に沿って分散される

◀ 15.13 着地後の後肢による推進と前進のためのストライドの開始
腰仙椎結合部と胸腰椎結合部の伸展は、頚部と頚胸椎結合部の屈曲と同時に起こる。頭頚を下垂させて、後肢の伸長に備えている

　腰仙椎結合部よりも頭側の椎間板のストレスを評価すると、腰仙椎結合部と比べ、Wは着地後の空中期で減少し、また前駆の重心とそれらの椎間関節腔との距離が接近しているのでlも減少する一方、hは第十二胸椎の前方（頭側）でより大きくなります。

　したがって、前肢の着地後の空中期には（体幹は前肢で支えられていない）、腰部で椎間のストレスが一段と高くなります。このようなストレスは、馬体の前方（胸部）へ近づくにつれて徐々に軽減し、キ甲の周辺では比較的弱くなります。

　飛越後の着地時に後肢が負重している間は、すべての伸筋が非常に強く働きます。なぜなら体幹の下降を止めて前駆を前方へ押し上げ、馬体のバランスを取り直さなければならないからです（15.12、15.13）。

- 頚部背側の筋肉群が、積極的に頭頚部の重量を支えます。
- 胸部の脊柱起立筋が、胸腰椎の伸展と頭頚の起揚に積極的に関わります。
- 腰部の脊柱起立筋が、中臀筋の作用に助けられて腰仙椎を確実に伸展させ、前駆と体幹全体を支えます。

163

## まとめ

障害飛越の後半、脊柱は飛越の下降期における最大伸展（15.2）から、着地期の最大屈曲（15.12）へと移行します。この最大伸展から最大屈曲への動きの違いによって、馬の技量や能力が決まります。しかしながら、その動き方に大きな差があることが、胸腰椎における関節や靭帯、筋肉の様々な問題の原因にもなるのです。

これらの問題はたいていの場合、具体的な治療法はなく、結果が良いものとはいえません。ですからこのような病変を予防するには、トレーナーやライダーが常に気をつけておく必要があります。特に筋肉と関節を徐々にウォームアップすることと、適切なクールダウンを組み込んだ調教プログラムが、調教中や競技中、あるいは競技レベルに関わらず、欠かせないのです。

障害飛越のバイオメカニクス

# 第16章 着地期：四肢のバイオメカニクス

　馬の管理者は馬の健康管理の責任者として、障害飛越の着地期が馬の筋肉と骨格に非常に大きなストレスをかける要因の1つであることを、十分に理解しています。したがって馬の運動器を長く良い状態で維持するには、障害飛越の時間、あるいは飛越の回数を減らすことがまず行うべき対策の1つであることをライダーやトレーナーは知るべきです。

　しかし最も脆弱な部位は、必ずしも一般的に考えられている部位ではありません。例えば前肢では、蹄（特にトウ骨）よりも球節の方が比較的大きなストレスにさらされます。後肢では、繋靭帯と膝関節の半月板が特に病変を起こしやすい部位です。

　四肢のバイオメカニクスを解説する前に、着地期に四肢が着地する順番を明らかにしておく必要があります。四肢の着地の順番で、前肢と後肢にかかる力の強度と配分が決まります（16.1）。左手前で着地する場合、最初に着地する肢（反手前前肢）は右前肢で、その次が左前肢（手前前肢）です。歩調を乱していない馬の場合は、この後に右後肢（反手前後肢）が着地し、左後肢（手前後肢）が続きます。これで着地期の最初のストライドにおける四肢の着地が完結します。

▲ 16.1　クロスカントリー障害飛越後の着地における前肢と後肢の着地の経過
写真右：馬は四肢のうちで最初に着地する肢（反手前前肢）、すなわち右前肢で着地している。これに左前肢（手前前肢）が続く
写真左：飛越後の短い空中期後に右後肢（反手前後肢）が着地し、これに左後肢（手前後肢）が続いて伸長（踏み込み）する

## 前肢の着地期

前肢が果たす衝撃吸収機能は、2つに分けられます。体幹と肢とをつなぐ筋肉の腱膜構造によるものと、骨自体と関節角度の相乗効果によるものがあります（16.2）。このような構造のいずれかが機能しなかったり、損傷していたりした場合は、他の部位に過剰な負荷がかかりやすくなります。これが競技馬において関連部位の病変が高頻度で発症する理由です。

### 体幹の沈下の制御

前肢の着地期において、両前肢間にある体幹の沈下は、肢の上部と胸郭をつなぐ2つの筋肉帯（腹鋸筋、上行胸筋、鎖骨下筋）で制御されます。飛越の下降期では、これらの筋肉群が求心性に収縮して、肩甲骨と上腕骨を引き下げます。腹鋸筋、上行胸筋、鎖骨下筋の収縮は前肢の着地期まで続き、逆に弾力性に富んだ大きな伸長をこれらの筋肉にもたらし、エネルギー吸収を可能にするのです（16.3）。

飛越後に前肢が着地してすぐに体幹が両前肢の間で沈下しはじめます。この体幹の沈下速度は、胸郭の筋肉帯の遠心性収縮によって遅くなり、制限されます（16.4、16.5）。このメカニズムはしばしば過小評価されますが、着地期における荷重の吸収（衝撃吸収）において、大切な役割を担っています。この作用には、緊張はしても収縮はしない強力な筋肉群が必要です。これらは着地時に大部分の衝撃を吸収して、より脆弱な肢の末端部位を守っているのです。

▲ 16.2　着地期における前肢への負荷
まず右前肢（反手前前肢）で着地している。左前肢（手前前肢）では、関節が最大限に閉鎖している。肘関節の屈曲とともに、球節と腕関節が過伸展して、指屈腱と前腕尾側の筋肉群に極度の緊張をもたらしている

▲ 16.3　着地直前の前肢の状態
棘上筋と上腕三頭筋の内側頭の作用で、肩関節と肘関節が伸展している。上腕三頭筋（長頭）と三角筋が著しく伸長していることに注目。腹鋸筋の求心性収縮を介して肩が降下して前方へスライドし、前肢の着地と荷重の吸収に備えている

着地期：四肢のバイオメカニクス

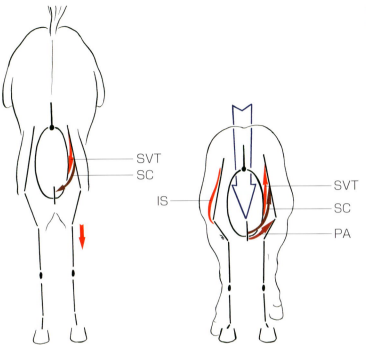

◀ 16.4　前肢の着地期における体幹の沈下を制御する腹鋸筋と胸部の筋肉帯のバイオメカニクス

左図：胸部腹鋸筋（SVT）と鎖骨下筋（SC）の求心性収縮によって前肢が下方へスライドし、着地を早める

右図：これらの筋肉群が遠心性収縮することで体幹の沈下速度がゆるみ、また歯止めがかかるが、これら筋肉群の作用は強力な上行胸筋（PA）に支えられている。棘下筋（IS）が肩関節を安定させる

◀ 16.5　前肢の着地期における体幹の沈下と衝撃吸収

写真左：荷重の吸収（衝撃吸収）に適した体勢になるよう、前肢を伸ばして着地の衝撃に備えている

写真右：荷重の吸収を終え、両前肢（反手前前肢と手前前肢）の間で衝撃を分散させて前駆を支えている。関節はすべて閉鎖している

167

疲労による筋肉のけいれんや痛みは、筋肉群の衝撃吸収能力を低下させるため、関節や骨、腱へのストレスを増大させます。障害飛越で失敗した場合、特に着地で（両前肢の間で分散されるのではなく）一肢のみに過剰な負荷がかかると、腹鋸筋の部分断裂あるいは完全な断裂を生じる可能性があります。その治療には、数カ月ものリハビリが必要になることもあります。

競技馬の適切な体作りでは、このような胸部の筋肉帯を強化することに焦点を当てなければなりません。頚を低伸させた状態での運動、高低差のある場所での運動（特に下り坂）、バウンスジャンプの練習（Part4　第17章参照）など、様々な運動を取り入れることで馬の調整を助けることができます。

## 前肢の本質的なバイオメカニクス

前肢の着地期は、荷重の吸収期、スタンス中期、そして推進期（後肢の着地と同時かこれに先駆けて起こる）の3つの段階に分けて考えることができます。

### 荷重の吸収期

荷重の吸収期は着地と同時にはじまります（16.6）。関節の閉鎖が制御され、また胸部の筋肉帯の作用が活発になります。どちらの作用も、馬体の総重量の沈下と垂直方向への着地に伴う大きな荷重（衝撃）を吸収するのに寄与します（16.3）。

関節閉鎖の制御は、関節を広げる筋肉の遠心性収縮によって行われます。

- 棘上筋は、肩関節の閉鎖を制御し、これを制限します。
- 上腕三頭筋は、上腕骨の水平化と肘関節の屈曲を遅らせます。

- 橈側手根伸筋は、腕関節の伸展を維持します。肢への負荷が増すにつれて、腕関節が過伸展します。
- 指屈筋は、補助靭帯（上位および下位の支持靭帯）とともに、球節の沈下と繋の水平化を制限します。

荷重の吸収期では、関節面と靭帯がきわめて強い振動を受けます。ほかにも水平方向と垂直方向の力がかかりますが、反手前前肢と手前前肢との間で分散されます（16.7）。反手前前肢は、手前前肢が受ける力よりも強い垂直方向の力を受けます。反手前前肢には推進する特別な役割があり、飛越後の馬体を前進させます。手前前肢も負荷による水平方向と垂直方向の力を受けますが、その作用時間はより長いものなので、吸収された累積荷重（衝撃）は、反手前前肢の場合よりも大きくなります。

### スタンス中期

スタンス中期の特徴は、関節角度の最大閉鎖です（16.2、16.7、16.8）。荷重の吸収期に活動する筋肉群は、きわめて強い遠心性収縮を起こし、そして著しく伸長します（16.9）。特にストレスのかかる2つの部位、肩と下脚部（球節、繋、蹄）について説明します。

◀ **16.6　前肢の着地期における反手前前肢（右前肢）の荷重の吸収**

腕関節は完全に伸展してはいないものの、球節が沈下しはじめている。肩関節と肘関節の角度は、依然として大きく開いている。手前前肢（左前肢）は、着地に備えている

着地期：四肢のバイオメカニクス

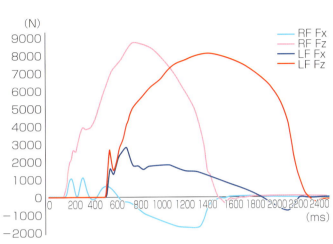

▲ 16.7　前肢の着地期のスタンス中期における反手前前肢（右前肢）と手前前肢（左前肢）の間での垂直分力（Fz）と水平分力（Fx）の配分（写真左）

図：垂直分力のピークは反手前前肢の方が大きい。累積荷重（あるいは衝撃、瞬間的な地面からの反発力と荷重している間の様々な力の合計値）はグラフの下の面積で示されるが、これは手前前肢（左前肢〈LF〉）の方が大きい。反手前前肢（右前肢〈RF〉）では、推進時に果たす役割を反映して、水平分力（Fx）はほぼない。一方で手前前肢には、積極的な水平分力（Fx）があるが、これは本質的には制動力（ブレーキの力）であり、垂直分力と相まって手前前肢への圧縮ストレスを高める

（図：Unit INRA-ENVA BPLC, Dir. Pr N. Crevier-Denoix 提供）

◀ 16.8　着地期における前肢のスタンス中期

左前肢（反手前前肢）では球節が最大に沈下し、腕関節が過伸展している。しかしながら、それでも左前肢は肩関節が屈曲している間は、荷重を吸収することができる

Note：肩関節の角度は依然として大きく開いている

169

障害飛越のバイオメカニクス

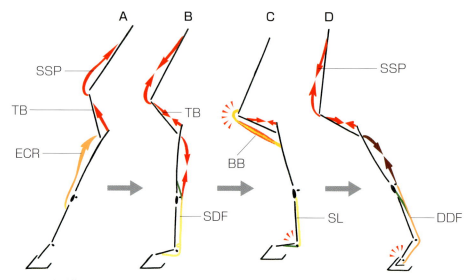

▲ 16.9 着地期における前肢のバイオメカニクス

荷重の吸収期とスタンス中期における諸関節の閉鎖（A～C）。筋肉および腱、靱帯すべてがエネルギーの蓄積に寄与している。肩関節と球節に最大のストレスがかかるのは、スタンス中期の終盤である（C）。推進期（D）では、関節の受動的伸展と能動的伸展がみられる。指関節が最大に伸びるのは蹄の反回直前である（D）
SSP：棘上筋、TB：上腕三頭筋、BB：上腕二頭筋、ECR：橈側手根伸筋、SDF：浅指屈筋と浅指屈腱、DDF：深指屈筋と深指屈腱、SL：繋靱帯

▶ 肩関節

肩関節の閉鎖は、肘関節の伸展開始と連動しています。この2つの関節の動きによって上腕二頭筋が緊張し、その近位の腱が上腕骨上部を圧迫します（16.9）。このような関節の動きによって生じるストレスは、滑液嚢炎あるいは上腕二頭筋の腱炎の原因となる可能性があります。

▶ 球節と繋

球節が著しく沈下し、繋が水平になることで、球節の懸垂装置や屈腱（浅指屈腱と深指屈腱）、それらの補助靱帯に著しい緊張が生じます（16.10）。このような緊張状態において、後肢の蹄尖がわずかでも前肢に追突すると、簡単に1カ所あるいは複数の腱断裂を起こす可能性があります。これが前肢に肢巻やプロテクターなどを装着する理由です。

球節と腕関節が過伸展すると下位の補助靱帯（深指屈腱の支持靱帯）が緊張し、一方では体幹の前進によって諸関節の背側面にかかる圧力が増加します（16.10）。そのような状態が、これらの関節面あるいは骨の病変を誘発することになります。

☐ 推進期

着地期では、前肢による推進に諸関節の伸展が関わり、前躯を起揚させます（16.11～16.13）。これを可能にするのが、胸部の筋肉帯（腹鋸筋と胸筋）の求心性収縮と、これに同調して働く肩関節と肘関節の伸筋、球節を持ち上げる屈筋と屈腱です。

着地期：四肢のバイオメカニクス

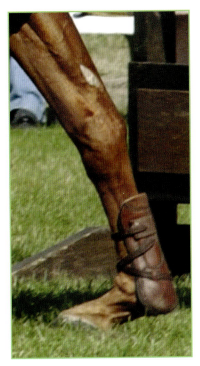
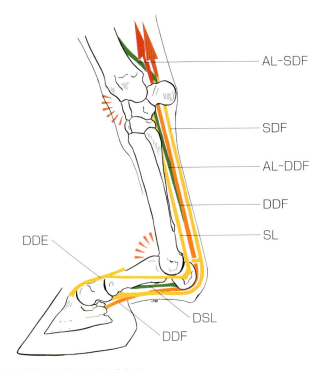

▲ 16.10　前肢の着地期におけるスタンス中期に、前肢の遠位の骨にかかるストレス
写真：内側から見た肢の状態
図：外側から見た図。腕関節と球節が関節の前面にかかる強い荷重を支えている。繋靭帯と浅指屈腱は、この時点では深指屈腱よりも大きなストレスを受けている
AL-SDF：上位の補助靭帯（浅指屈腱の支持靭帯）、SDF：浅指屈腱、AL-DDF：下位の補助靭帯（深指屈腱の支持靭帯）、SL：繋靭帯、DSL：遠位種子骨靭帯、DDE：総指伸筋腱、DDF：深指屈腱

▲ 16.11　着地期における反手前前肢（左前肢）による推進
反手前前肢（左前肢）の繋が垂直になり、蹄は先端を支点にして反回する。手前前肢（右前肢）には荷重が全面的にかかり、強い垂直方向の力を受けている

> 障害飛越のバイオメカニクス

▲ 16.12 着地期における手前前肢（右前肢）による推進

写真から、指屈筋と指屈腱に助けられた繋靭帯の作用によって、球節が徐々に上がっているのが分かる。馬体が前進し、また上腕三頭筋の収縮によって肘関節が開いてくる。棘上筋は肩関節の閉鎖を制御し（遠心性収縮、写真左）、そして伸長させる（求心性収縮、写真右）

▲ 16.13 前肢の着地期

写真左：手前前肢（右前肢）による推進が終わり、前肢の振り出しがはじまって短い空中期が生じる。深指屈腱の働きで、右前肢が蹄の先端で反回する

写真右：写真は反手前後肢（右後肢）の着地する瞬間。後躯に垂直方向の荷重がかかるなかで、球節が伸展する

球節を持ち上げて（指関節の伸展）、繋を真っ直ぐ（垂直）にさせるのは、受動的作用（腱と補助靭帯の弾性による跳ね返り）と能動的作用（屈筋の求心性収縮）の両方によるものです。さらに推進期の指骨部分の滑車装置（トウ骨、種子骨靭帯、深指屈腱）全体にかかる圧縮と緊張によるストレスは、荷重の吸収期とスタンス中期よりも一段と強くなります。

着地期：四肢のバイオメカニクス

## 後肢の着地期

　着地期において、前肢のスタンス期と後肢の着地期との間に、短い空中期が生じることがあります。この空中期の長さは馬によって、また障害物の種類や飛越速度によって異なります。後肢は着地前にまず伸長（踏み込み）しますが、これは前肢のスタンス期に起こります。着地後、後肢によるスタンス期と推進期は前肢が負重していない間に起こります。

### ☐ 伸長（踏み込み）

　着地期における後肢の伸長は、きわめて強い屈曲から最大伸展へと肢関節の動きの転換が非常に迅速に起こることが特徴です（16.14～16.16）。ただし股関節は例外です。

- 股関節は後肢の踏み込みに不可欠な屈曲をすることから、他の関節とは異なります（16.14～16.16）。この屈曲は、腸腰筋（腰仙椎の屈曲にも寄与します）と2つの大腿部の筋肉群（大腿直筋と大腿筋膜張筋）の作用によるものです。
- 大腿筋膜張筋の作用とともに、大腿四頭筋群が求心性収縮することで、膝関節の力強い伸展が生まれ、これに半月板の迅速な前方への滑りが続きます。

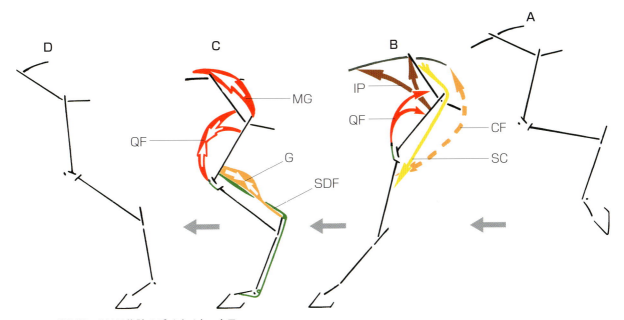

▲ 16.14　着地期における後肢のバイオメカニクス
着地前に（B）、股関節が腸腰筋（IP）の作用で屈曲する。大腿四頭筋（QF）による膝関節の伸展は着地前に起こり、坐骨神経（SC）と大腿尾側の筋肉群（CF）を緊張させる。荷重の吸収期とスタンス中期（C）では、腓腹筋（G）と浅趾屈筋（SDF）への緊張が最大となる
**骨盤周囲の筋肉群**
　MG：中臀筋、IP：腸腰筋
**大腿部の筋肉群**
　QF：大腿四頭筋、CF：大腿尾側の筋肉群
**下脚部の筋肉群**
　G：腓腹筋、SDF：浅趾屈筋と浅趾屈腱

## 障害飛越のバイオメカニクス

▲ 16.15　飛越後における反手前後肢（左後肢）の着地
写真左：腰仙椎結合部の極度の屈曲と膝関節の極度の伸展に注目。大腿尾側の筋肉群と坐骨神経が最大に伸長している
写真右：後肢が着地する順番（踏歩）に注目。反手前後肢（左後肢）の着地後、手前後肢（右後肢）が伸長（踏み込み）する

▲ 16.16　飛越後に反手前後肢が着地してから、前肢の振り出しがはじまる
後肢の諸関節を十分に伸ばして、着地しやすくしている。体幹の降下と後肢の踏み込みにより、大腿尾側の筋肉群が伸長して、腰仙関節が力強く屈曲する

- 相反連動構造により（Part1 第2章参照）、飛節は腓腹筋の求心性収縮によって、膝関節と同程度に伸展します（16.14～16.16）。
- 脛骨の前部に位置する伸筋の助けで、球節と趾関節を伸ばす動きが維持されます。

飛越後の着地による衝撃を受ける直前に、後肢の肢関節の伸展は踏み切りや推進期にみられる伸展よりも大きく、最大となります。

膝関節が伸展することで外側半月板の頭側停止部を締めつけ、圧迫性の病変を悪化させる原因となる可能性があります。股関節の屈曲と大腿脛骨筋の伸長が合わさって、坐骨神経の損傷と神経痛（神経由来の痛み）が生じ得る状況を生みます。そのため障害競技馬は、このような損傷を受けやすい環境にあるといえます。

着地期：四肢のバイオメカニクス

▲ 16.17　着地期における、反手前後肢のスタンス中期と手前後肢での負重
前肢は振り出し中である。反手前後肢（左後肢：写真左、右後肢：写真右）の球節は過伸展の状態で、飛節の閉鎖とともに繋靭帯に強い緊張をもたらしている。これらの力を軽減するため、膝関節は大腿四頭筋の遠心性収縮を介して制御されつつも屈曲する。飛節の閉鎖は、腓腹筋の遠心性収縮と浅趾屈腱（Part1 第2章参照）によって制限される

　このような動きは、大腿尾側の筋肉群の著しい伸長ももたらします（16.14～16.16）。この筋肉群に柔軟性が欠けていたり、あるいは筋肉痛があったりすると後肢の踏み込みが不十分となり、着地時に体バランスを取り戻す身体能力が損なわれる可能性があります。大腿尾側の筋肉群を伸長できるように鍛えるには、頚を低伸させた運動で後躯の踏み込みを促し、あるいは傾斜のきつい（滑りにくい）斜面での常歩を課すなどの基本的な調教により達成できます。

◻ 荷重の吸収期

　荷重の吸収期は、前肢の推進期終盤、あるいは前肢蹄の反回時または空中期の開始と同時期にはじまります。
　骨盤は仙腸関節で直接、体幹につながっているため、後肢については前躯のように体幹を支える筋肉群の柔軟性が荷重の軽減に貢献することはあまりありません。したがって、後肢の荷重の吸収は、大腿と下腿の筋肉の遠心性収縮により制御される関節閉鎖が大きな役割を果たしています

（16.14、16.17）。関節軟骨の弾力性、膝関節での半月板の滑り、飛節を構成する小骨群の滑りなどの内在的なメカニズムも荷重の吸収に寄与します。
　大腿四頭筋は、遠心性収縮によって膝関節の閉鎖を制御します。総踵骨腱（腓腹筋と浅趾屈腱からなる強靭な腱）の弾力性と腓腹筋の収縮によって、飛節の閉鎖性屈曲はゆっくりと生じます。球節の沈下と繋の水平化は、趾屈腱と懸垂装置の弾力性で制御されます。ここでは、大腿骨に起始する浅趾屈筋の組成が主に線維質であるため、その働きは主に受動的であることを忘れてはなりません。

◻ スタンス中期と推進期

　後肢の着地期のスタンス中期と推進期には、体軸（Part4 第13章参照）と後肢で著しく強い収縮が起こります。これは垂直方向から水平方向への馬体の移行に影響を与え、また水平方向の適切な速度を確立するのに役立ちます。
　推進に寄与する筋肉がすべて活動します。

# 障害飛越のバイオメカニクス

▲ 16.18　着地期終盤における手前後肢のスタンス中期と、反手前後肢の推進期

**反手前後肢**（右後肢：写真左、左後肢：写真右）
　膝関節と飛節が同時に伸展し、その後に球節が持ち上がる。深趾屈腱が緊張して蹄の反回を開始させ、推進を助ける

**手前後肢**（左後肢：写真左、右後肢：写真右）
　スタンス中期では、あらゆる関節（股関節、膝関節、飛節、球節、趾関節）の屈曲と、大腿四頭筋や腓腹筋、総踵骨腱の力強い伸長（遠心性収縮）が特徴である

- 中臀筋と大腿尾側の筋肉群が股関節を強く伸展しはじめます。
- 大腿頭側、大腿尾側、大腿内側の筋肉群が膝関節の伸展を制御します。
- 最終的に、腓腹筋と趾屈筋の求心性収縮とともに膝関節が伸展して、飛節の伸展と繋の垂直化がもたらされます（**16.18**）。

　総踵骨腱の緊張は非常に強い（数千kg）ため、飛節の底側にある靭帯（いわゆる長足底靭帯）の抵抗があるにも関わらず、飛節と管骨の間でわずかに屈曲します。この緊張の反動として、関節や骨表面への圧力が、特に関節の前面で著しく高まります。関節前面の圧力の増加は、飛節を構成する下位の関節の打撲や関節炎（飛節内腫）など様々な損傷を引き起こし、繋靭帯あるいは飛節の底側にある靭帯の損傷をも生じることになります。

## まとめ

　障害飛越のバイオメカニクスの視点から、様々な馬体部位や特定の関節に焦点を当てて説明してきました。これらを理解することによって障害飛越に起因する損傷を誘発する筋骨格系への負荷や要因を、一段と詳細に把握することができます。

　障害飛越のそれぞれの段階ごとの解説は、簡略化することもできます。しかしこれらの詳細な解説を抜きに、障害飛越のバイオメカニクスに関する基礎的な解説だけにとどまれば、馬体のメカニズムや動きの概念が複雑なために、時として読者を混乱させるかもしれません。またこのような詳細な解説がなければ、馬術というスポーツへの理解は、客観的データよりも直感に基づいた理解が深まることになります。著者が望むところは、（解剖学的およびバイオメカニクス的な）客観的データを提供することによって、馬の動きをより良く理解し、正確な知識を得てもらうことにあります。本書の情報を活用し、競技馬の調教に対して道理にかなったアプローチが進むことを願います。

　著者としては、第11～16章からライダーとトレーナーが障害飛越時の馬の動きについて理解を深め、適正で合理的な鍛錬によって障害競技馬のアスリートとしての能力を高めてくれることを願います。

障害飛越のバイオメカニクス
# 第17章 バウンスジャンプのバイオメカニクス

　障害競技馬あるいは総合競技馬の調教では、常に障害飛越の練習頻度やその強度が問題となります。骨や関節、腱は繰り返しバイオメカニカルなストレスにさらされます。トレーナーによる練習内容の構成が不十分だと、筋骨格系全体に損害をもたらし、馬のキャリアを未完の段階で終わらせてしまうことにもなり得ます。

　側方運動、頚の下垂と後退などの運動には、複数の利点があり、障害飛越練習の代替策、あるいは鍛錬を補強するものとして利用し、馬の筋骨格系へのストレスを軽減させることができます。

　バウンスジャンプは、肢への負荷が一度だけとなる連続した障害物間の距離、つまり通常のストライドが入らない距離に置いた2個の障害物を飛越するものです。バイオメカニクスの観点、そして身体鍛錬の観点からも、特筆すべき運動です。競技の観点からすると、馬体にかかるストレスは通常の障害飛越時よりも少なくなります。したがってバウンスジャンプは、後肢の踏み込みや前駆のダイナミックな起揚といった動作を効率良く発達させる助けとなります。2個の障害物間に地上横木を置く（17.1）などの障害飛越練習は、動きを調整し、動作を区切ることによってバウンスジャンプと同様の効果をもたらします。

　本章では、バウンスジャンプあるいはコンビネーションジャンプの特性として、特に障害間スタンス期のみ解説します。実際のところ、1個目の障害物アプローチと2個目の障害飛越後の着地は、同種類の単一障害のアプローチおよび着地とほとんど変わりません。

▲17.1　コンビネーションジャンプの障害間スタンス期
中程度の高さの障害物2個の間に地上横木を置くことで、歩調を整え、着地と踏み切り間の距離を制御し、動作にメリハリを与え、そして筋肉収縮の活性を調節する

## 障害飛越のバイオメカニクス

バウンスジャンプの障害間スタンス期は、前肢のスタンス期と後肢のスタンス期の間にみられる空中期です。この空中期の様相は、馬のスキルや運動能力、そして障害物の高さによっても異なります。

バウンスジャンプへのアプローチの速度によって、空中期の長さが決まります（17.2）。個々の馬の違いは大変興味深いものです。疲労している馬や、動きの鈍い馬の場合は空中期がないことがあり、前肢が地面を離れる前に後肢が着地します。機敏で反応の良い馬の場合は、後肢の着地よりもかなり前に前肢と前躯が起揚します。このような違いから、より重量のある馬の場合、運動能力の観点からバウンスジャンプが動きに関与する筋肉群を活性化させ、伸ばし、そして調整する助けとなることが分かり、その重要性が明らかになっています。

バウンスジャンプにおける前躯、胸腰椎結合部、後躯のバイオメカニクスを説明します。

## 前躯のバイオメカニクス

バウンスジャンプの2個の障害物間で、馬は体の垂直方向の動きを下方向から上向きへと転換させなければなりません。この動きのなかで、頚と前肢は次の障害物の飛越がしやすい位置へ前躯を運ぶという点で、大きな役割を担っています（17.3）。

1個目の障害飛越後の着地では、次の動作での前躯への負荷を最小限に抑えるため、頚の下垂が制限されます。したがって前肢による荷重の吸収（衝撃吸収）が増し、胸部の筋肉帯（腹鋸筋と胸筋）が強く働きます。

この下降と上昇の動き（下方向から上向きへの垂直方向の変換）では、頚部背側の筋肉群や腹鋸筋、胸筋の収縮、そして前肢の筋肉の収縮が遠心性収縮（伸長）から求心性収縮（短縮化）へと瞬時に変わります。この収縮方向の迅速な切り替えこそが、前躯の進行方向を転換させ、2個目の障害前で前躯を起揚させるのです（17.4、17.5）。この作用には3つの筋肉群が関わっています。

▲17.2　調教中（写真右）とクロスカントリー競技（写真左）におけるバウンスジャンプの空中期
調教中は、飛越速度を意図的に落としている。前肢の踏み切りと後肢が着地する間の空中期は短い。競技中の総合競技馬（写真左）では、前肢を持ち上げて胸に引きつけはじめているが、後肢はまだ着地してもいない。どちらの馬も胸腰椎結合部での屈曲は十分である

バウンスジャンプのバイオメカニクス

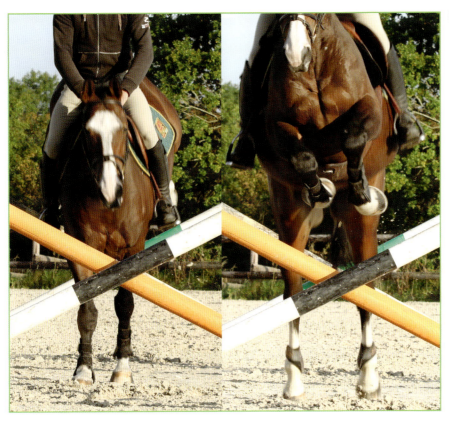

◀ 17.3　2個目の障害物前での前肢の荷重（写真左）と前躯の起揚（写真右）

腹鋸筋と胸筋の強い求心性収縮によって前躯が起揚し、持ち上がる

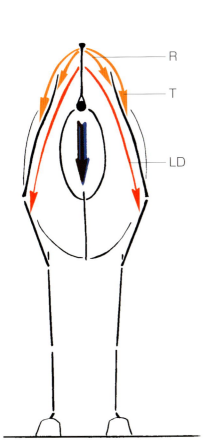

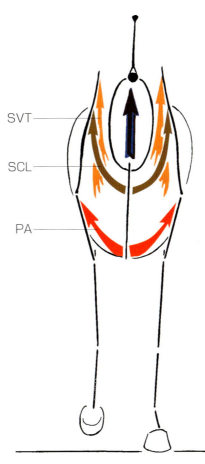

◀ 17.4　2個目の障害物の直前における前肢への荷重と前躯の起揚に関わる筋活動

前肢の荷重中（左図）には、広背筋と僧帽筋、菱形筋の求心性収縮に助けられて体幹が沈下する。推進に寄与する筋肉群が伸長して、踏み切り時における前躯のダイナミックな上昇に備える。腹鋸筋と胸筋の求心性収縮により、前躯の起揚（右図）が可能になる
LD：広背筋、T：僧帽筋、R：菱形筋、SVT：胸部腹鋸筋、SCL：鎖骨下筋、PA：上行胸筋

179

## 障害飛越のバイオメカニクス

- 頚部背側の筋肉群は頭頚部を支え、持ち上げます。頭頚部の瞬間的な起揚で前肢が引き上げられ、体重心が後方へ移動します。これによって前躯が軽くなり、後躯の沈下と後肢の着地を促します。
- 胸部の筋肉帯（腹鋸筋と胸筋）が馬の体幹を強力に押し上げます（17.4）。胸部の筋肉帯は瞬時に作動するもので、馬体の運動方向を変換する主な因子です。頚の下垂を求める運動とともにバウンスジャンプは、様々な運動において重要な頚部背側の筋肉群や胸部の筋肉帯を発達させるために、非常にダイナミックで補完的な練習方法なのです。
- 前肢の筋肉群は、胸部の筋肉帯の作用が長く続くようにしなければなりません。肩関節と肘関節は、関節の屈曲を制御することで衝撃吸収に寄与した後に、棘上筋と上腕三頭筋の強い求心性収縮を介して急速に伸展します（17.5）。これはバネに似た作用で、効率良く関節を開いて肢を伸ばすために、圧縮されている間はエネルギーが蓄積するのです。荷重中に球節に蓄積される力を吸収するため、前腕尾側の筋肉群（浅指屈筋と深指屈筋）が急速に収縮して球節を支えます。また、この能動的な求心性収縮は前肢が地面を離れる（踏み切り）前の推進期終盤に、球節の挙上を助けます（17.1、17.5、17.6）。この動きの主な特徴は、荷重の吸収と推進との迅速な切り替えへの対応です。したがって、明確な移行期なしに、遠心性収縮から求心性収縮に切り替える必要があります。この部分のダイナミックな鍛錬は、前躯を支える筋肉群にストレスをかけ、馬体のバランスを保つ能力を強化し、敏捷さと反応速度を高めます。

障害間スタンス期の動作では、頚胸椎結合部は伸展した状態を維持し、前躯への負荷の軽減と後躯の沈下を助け、着地へと導きます（17.6）。特に前肢のスタンス期では、頚の位置のために胸椎の背側にある棘突起の間が狭くなります。キ甲と背中で背側の棘突起が元々接触しているような馬では、棘突起の間が狭くなることによって痛みが生じます。したがって、胸部の伸展によって支障がみられるような馬では、バウンスジャンプの活用に注意が必要です。

バウンスジャンプのバイオメカニクス

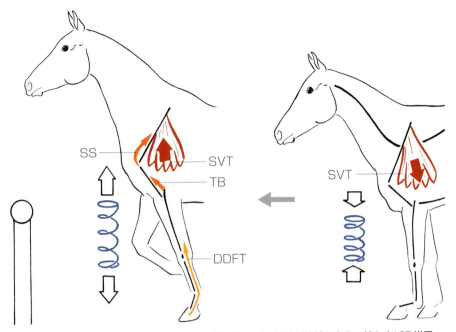

▲ 17.5 バウンスジャンプの障害間スタンス期において、前肢が体幹を支えて持ち上げる様子
右図：胸部腹鋸筋の伸長（遠心性収縮）、および前肢における関節角度の閉鎖
左図：胸部腹鋸筋の求心性収縮、および前肢における関節角度の開張
SVT：胸部腹鋸筋、SS：棘上筋、TB：上腕三頭筋、DDFT：深指屈腱

▲ 17.6 2個目の障害物直前における前肢の着地、障害間スタンス期、そして推進
写真右：左前肢の球節が沈下して、屈腱と球節の懸垂装置を伸長させている。このような構造が弾力性に富んでいるおかげで球節（左前肢）が挙上
し、それとともに腹鋸筋と胸筋の相乗的求心性収縮によって前駆が起揚する
写真左：2個の障害物間における空中期を示す。前肢の踏み切りで前駆の起揚に弾みがかかるが、後肢はまだ着地していない

181

## 胸腰椎結合部のバイオメカニクス

　1個目の障害物を飛越した後の着地と次の障害物前の推進では、後肢の大きな踏み込みと、胸腰椎結合部の強い屈曲が必要になります（17.7）。これらの動きは空中期に最大となります。主に腰仙椎結合部と胸腰椎結合部がこのような動き全般に関与します。腹壁と腸腰筋の収縮によって屈曲が生じます。これには著しく伸長する棘上靭帯と脊柱起立筋の柔軟性が不可欠です。

　バウンスジャンプを取り入れた障害飛越のウォームアップでは、頚を下垂させた状態での運動や後退運動を行って、徐々にこれらの筋肉を活性化する必要があります。バウンスジャンプやコンビネーションジャンプに伴うダイナミックな運動は、基本的なフラットワークの効果を持続させるだけでなく、その効果を補完し、そして強化するものです。

## 後躯のバイオメカニクス

　後肢は、前躯の起揚と胸腰椎結合部の屈曲に都合の良い位置へ踏み込みます。後肢にはまず垂直の負荷がかかり、筋肉群の遠心性収縮と弾力性のある起立安定構造によって関節の屈曲が制御され、水平方向への弾みが低減されます。蓄積されたエネルギーと筋肉群の求心性収縮によって推進力が働き、次の障害飛越へと向かいます（17.8、17.9）。

　通常の障害飛越と比べてバウンスジャンプの場合には、後肢の働きは他の部位（前躯と体幹）ほどには高まりません。バウンスジャンプで生じる主なストレスは、着地前の後肢の著しい踏み込みに関わるものです（17.6、17.7）。これらのストレスは腸腰筋による股関節の強い屈曲に起因するもので、大腿尾側の筋肉群を伸展させます。このよ

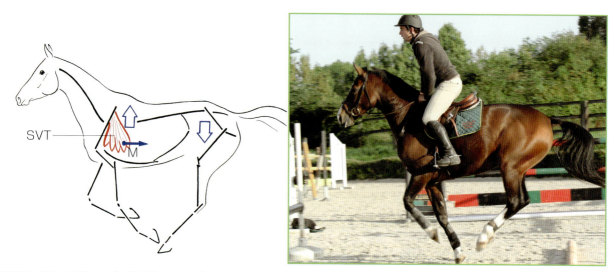

▲ 17.7　バウンスジャンプの障害間スタンス期における前躯と後躯の相反する動き

頚の起揚で体重心（M）が後ろへ移動し、後肢の着地を助ける。腹鋸筋群（SVT：胸部腹鋸筋）と胸筋群が求心性収縮した結果、前躯が起揚する。馬がコレクションすることで、腰仙関節と股関節の屈曲が助けられるが、これは腸腰筋と腹筋の求心性収縮によって引き起こされる。膝関節が伸びて大腿尾側の筋肉群の伸展を促す

バウンスジャンプのバイオメカニクス

▲ 17.8　2個目の障害物における障害間スタンス期（負重中）と推進
写真右：障害間スタンス期では、臀筋群は股関節を伸ばすだけでなく、体幹を持ち上げるようにも働く
写真左：後肢の関節がすべて伸びている。肢の上部関節（股関節、膝関節、飛節）がダイナミックに伸展し、弾力性のある趾屈腱と球節の懸垂装置によって球節が挙上する

▲ 17.9　2個目の障害物のクリア
ペースが良好で障害物間の距離の取り方も上手く、リラックスして調和の取れた動きをみせる

183

## 障害飛越のバイオメカニクス

うな作用は後退運動や頚を下垂させた運動にもあります。したがって、この2種類の運動は、バウンスジャンプ前の馬のウォームアップに良い準備運動なのです。後退運動、筋肉群をゆっくりと動かしストレッチさせる頚の低伸、筋肉群や関節の動きをダイナミックに活性化させるバウンスジャンプは、競技馬の運動能力を発達させる適切で補完的な鍛錬用の運動なのです。

## まとめ

バウンスジャンプはダイナミックな特性があり、フラットワークを補完する優れた調教方法であるといえます。

運動機能の観点から、バウンスジャンプは障害飛越のアプローチ、踏み切り、そして着地期における前躯の体勢を構築させるうえで非常に効果がありながら、四肢にかかるストレスは中程度に抑えられるのです。そして、このようなバウンスジャンプを繰り返すことで、動きに調和と同調性が培われ、運動中の筋肉の状態が改善され、運動のペースも維持しやすくなります。

# Index

## う・え・お

ウォームアップ　62, 106, 182, 184

遠心性収縮　14

横行胸筋　17, 18, 73-79, 102

## か

外側広筋　30, 34

外転（開脚）期　74-77, 84, 85

外転筋　72-74, 76, 78, 82-85

下行胸筋　17, 18, 22, 73-79, 143-147

駈歩　35, 38, 47-49

下脚部　22, 64, 106, 116

過伸展　67, 168, 170

下腿頭側の筋肉群　28, 29, 31, 82

肩関節　17, 18, 22-24, 63, 64, 116, 142-144, 148, 170

肩を内へ　74-79, 98-102

滑車装置　172

可動域　63, 81, 88, 89, 126

## き

求心性収縮　14

球節　17, 27, 31, 32, 118-121, 148, 165, 168, 170-172

強化　10

胸郭　46, 47, 74, 92-95, 112, 114

胸筋／胸筋群　40, 76-78, 178

胸椎　54-58, 124, 138

胸部の筋肉帯　40, 47, 52, 112, 114, 131, 166, 180

胸部腹鋸筋　18, 39, 40, 63, 112, 114, 116, 142

胸腰椎結合部　56, 126, 138, 158, 182

胸腰椎／胸腰椎部　40-45, 48, 90-92, 124-127, 131, 132, 134-138

棘上靭帯　48, 58, 60, 131, 132, 160, 182

棘突起　54-57, 130-132, 138-141

棘突起の接触　55-57, 138, 139, 180

棘下筋　17, 18, 72, 73, 76, 78

棘間靭帯　160, 161

## く・け

頚の下垂　52-61

頚胸椎結合部　52, 54, 130, 134-138, 158-160

脛骨　26-32, 152, 174

繋靭帯　17, 21, 28, 34, 35, 67, 112, 176

頚椎の椎間孔　54

頚／頚部　40, 41, 48, 52-61, 131, 132, 158, 160

頚部腹鋸筋　18, 40, 64, 112, 114, 148

肩甲横突筋　16, 22-24, 63, 101, 102, 116, 144-146

肩甲下筋　73, 74, 78

肩甲骨　15, 21-24, 63, 64, 72, 74, 76, 112, 116, 142, 148

懸垂装置　120-122, 170, 175

## こ

後躯　60, 65-69, 92, 98, 131, 182-184

後肢　25-38, 56-58, 65-69, 81-88, 98, 117-123, 132, 150-155

後肢の空中期　48

後肢の骨格　27

後肢のスタンス後期　48

後肢のテコ　26, 27

項靭帯　41, 54, 56, 58, 130-132, 158

後退　62-69

広背筋　16, 21, 64, 92, 102, 112

股関節　29, 30, 60, 66, 67, 118

腰を内へ　98, 99

骨盤　27, 40-47, 93-95, 151, 152, 175

骨盤周囲の筋肉群　28-30, 117, 173

コンディショニング　10

## さ

鎖骨下筋　17, 40, 112, 114, 148, 166

坐骨神経　173, 174

左右非対称な負荷　103-106

三角筋　17, 18, 23, 72, 73, 76, 78, 113, 144

## し

指関節　19, 23, 104, 112, 115, 116, 144, 148, 172

趾関節　31, 32, 36, 118, 119, 151, 174

軸上筋　40, 54, 92

姿勢制御能力　88

膝蓋骨　26, 27, 30, 32, 67, 122

膝蓋骨のテコ　26

膝窩筋　150, 152

膝関節　30-38, 66-68, 84, 85, 88, 118-120, 122, 150-155, 173-176

斜角筋　40, 131, 132, 134, 136

尺側手根屈筋　17

尺側手根伸筋　17, 113

斜対肢　46, 47, 90, 92, 95

重心　52, 133, 162, 163, 180

種子骨靭帯　120, 172

受動的ローテーション　44, 92, 95

障害間スタンス期　177-184

障害飛越のバイオメカニクス　110-184

　アプローチ　110-123

　　踏み切りと推進期　110-132

　飛越期（跳躍期、サスペンション期）133-155

　　飛越の上昇期（第1期）　134, 135

　　飛越のピーク期（第2期）　136-138

　　飛越の下降期（第3期）　138-141

　着地期　156-176

　　前肢の着地期　156-159, 166-172

　　空中期　160, 161

　　後肢の着地期　162, 163, 173-176

上行胸筋　17, 21, 39, 64, 76, 78, 102, 112-114, 166

踵骨　26, 28, 31-33, 36, 151

踵骨のテコ　26, 36

上腕筋　17, 18, 23, 24, 116, 144, 146

上腕骨　16, 18, 72-74, 76-78, 112, 116, 146, 166, 168, 170

上腕三頭筋　17, 21, 22, 24, 78, 112, 115, 116, 168

上腕舌骨筋／胸骨頭筋　40, 41, 131, 132

上腕頭筋　16-18, 22-24, 63, 101, 102

上腕二頭筋　18, 23, 24, 65, 144-146, 170

神経圧迫 54

神経・筋協調性 95

深指（趾）屈筋 29, 113, 122, 151, 170, 180

深指（趾）屈腱 29, 34, 120, 151, 170-172, 181

身体鍛錬 58, 60, 63, 88, 97, 177

深臀筋 82, 85, 86, 88, 92-95, 152

## す

水濠障害の飛越 126, 130, 133, 136

垂直障害 136

スイング期（遊脚期） 22-24, 36-38

　引き上げ期（尾側期） 22, 23, 36

　スイング中期（中間期） 23, 24, 36

　伸長期（頭側期） 24, 36-38

スタンス期（立脚期、負重期） 20-22, 34-36

　スタンス前期（衝撃吸収期、頭側期） 21, 34

　スタンス中期（中間期） 21, 34

　スタンス後期（推進期、尾側期） 22, 35, 36

ストライド 20-24, 34-38

## せ

脊柱／脊椎 39-50, 52-61, 89-97, 124-141, 156-164

脊柱起立筋 40-43, 56, 58, 60, 128-132, 138-140, 163

背中のアーチ 56, 58

前躯 40, 52-54, 63-65, 100-102, 112, 114, 178-181

前肢 14-24, 63-65, 72-80, 110-116, 142-149

前肢の引き上げ 78, 142, 146

浅指（趾）屈筋 28, 29, 32-34, 36, 67, 117-122, 150

浅指（趾）屈腱 28, 29, 32-34, 118, 120, 151

前肢の骨格 15

仙腸関節 39, 175

浅臀筋 29, 82, 87, 118

前腕頭側の筋肉群 17-19

前腕尾側の筋肉群 17-19, 23, 144, 180

## そ

総指伸筋／総指伸筋腱 17, 18, 148

総蹠骨筋群 28

総蹠骨腱 26, 175, 176

相反連動構造 32, 33

僧帽筋 17, 21-23, 63, 64, 76, 92-95, 112, 116

側副靭帯（指関節） 103-107

側方屈曲 42, 43, 46, 47, 92, 96

## た

第 1 のテコ 15, 26

大円筋 23, 65, 116, 144

体幹 39-50, 54-59, 89-97, 99, 128-130, 133-141, 166-168

第 3 のテコ 15, 26

第三腓骨筋 28, 32, 33, 36, 118, 150

大腿筋膜張筋 28-30, 36, 66-68, 85, 86, 88, 118, 119, 173

大腿骨 26-32, 82-88, 152

大腿直筋 30, 36, 66, 68, 118, 122, 154, 173

大腿頭側の筋肉群 28-30, 36, 120

大腿内側の筋肉群 28, 29, 122, 176

大腿二頭筋 26, 30, 60, 86, 118, 150

大腿二頭筋のテコ 26

大腿二頭筋後枝 28, 29, 82

大腿二頭筋前枝　28, 29, 67, 85, 92

大腿尾側の筋肉群　29, 31, 34-36, 60, 67, 68, 118, 122, 175, 176, 182

大腿方形筋　153, 154

大腿四頭筋　26, 30, 34-36, 67, 68, 119, 120, 122, 173, 175

大転子のテコ　26, 29, 82, 85

大内転筋　83, 122

大腰筋　56, 58, 60, 66, 67, 150

多裂筋　44, 56, 58, 92, 138

短内転筋　83

## ち

恥骨筋　83, 85-88

肘関節　21-24, 65, 72, 74, 116, 144-148, 170, 180

中臀筋　26-29, 34, 35, 60, 66, 68, 82, 85, 86, 92, 128, 131, 176

調教　52, 62, 97, 106, 107, 155, 164, 184

腸骨筋　56, 58, 60, 66, 150

腸腰筋　26, 28, 30, 36, 66-68, 96, 99, 118, 152, 182

腸腰部のテコ　26

腸肋筋　47

## つ

椎間関節　42, 89, 126, 138

椎骨隣接の筋肉群　44, 56, 58

追突　170

繋　122, 168, 170, 172, 175

## て

蹄　17, 34, 36, 104, 119, 146

蹄尖　63, 68, 115

蹄の反回　123, 170, 175

## と

トウ骨　105, 165, 172

等尺性収縮　14

頭側脛骨筋　29, 82, 117

橈側手根屈筋　17

橈側手根伸筋　17, 63-65, 115, 144, 148, 168

頭半棘筋　40

## な・の

内側伏在静脈　28

内転（交差）期　74, 78, 84, 86

内転筋　31, 74, 83, 86-88

登り坂での運動　24

能動的ローテーション　44, 92-95

## は

背最長筋　54, 76

背痛の原因　138, 160, 162

バウンスジャンプ　177-184

薄筋　29, 31, 82

パッサージュ　37, 90

ハーフパス　74-80, 84-88, 94-107

速歩　46, 47, 74-80, 84-88, 90-97

半月板　119, 173-175

半腱様筋　28-30, 60, 118, 150

板状筋　40, 44, 131

半膜様筋　29, 30, 60, 83, 85, 86

## ひ

ピアッフェ　91

飛節　26, 31-37, 65, 67-69, 88, 118-122, 150-152, 154, 174-176

飛節内腫　104, 176

腓腹筋　26-29, 31, 34-36, 67, 68, 119-122,
　150, 173-176

ピルーエット　74, 78, 79, 106

## ふ・ほ・む

腹鋸筋　40, 52, 63, 112, 148, 166-168, 170,
　178-180

腹斜筋／腹斜筋群　42, 44, 47, 58, 60, 92-95,
　126, 130, 138

腹直筋　42, 58, 60, 126-129, 158

腹筋／腹筋群　54, 56, 58, 90, 92, 126-130,
　134

腹壁筋群　60, 130, 136, 158

補助靭帯　21, 22, 112, 168, 170-172

鞭打ち現象　116, 144

## よ・り・ろ・わ

腰仙関節／腰仙部　40, 42, 48, 58, 60, 67, 130,
　131, 140

腰仙椎結合部　126, 136, 140, 156-160, 162,
　163, 182

菱形筋　76, 92-95, 112

ローテーション　44, 47, 90-96

腕関節（前膝）　17, 19, 22-24, 78, 115, 144,
　146, 148, 168

■監訳者

### 青木　修　Osamu Aoki

1950年群馬県渋川市生まれ。1979年麻布獣医科大学(現麻布大学)大学院博士課程修了。獣医学博士。(公社)日本装削蹄協会に奉職後、バイオメカニクスの視点から馬の歩行運動の研究に従事し、その成果を装蹄理論の確立に活かして装蹄師の養成教育に携わる。2004年アジアから初めて国際馬専門獣医師の殿堂入り。2013年日本ウマ科学会第5代会長に就任。2015年より(公社)日本装削蹄協会理事。

■翻訳者

### 石原章和　Akikazu Ishihara

1974年広島県広島市生まれ。1999年麻布大学獣医学部獣医学科卒業。同年より米国の獣医大学病院にて大動物研修医として馬の臨床に従事。2009年オハイオ州立大学獣医学部大学院博士課程修了。馬の運動器疾患に対する再生医療の研究に従事する。2013年より麻布大学獣医学部外科学第二研究室の講師。

### 高木眞理子　Mariko Takagi

東京都出身。早稲田大学第一文学部英文学科卒業。現在、製薬会社社内翻訳および独立行政法人国際協力機構における研修監理業務などに従事。また、(公社)日本馬術連盟の馬場本部において国際担当委員を務めるとともに、国際馬術連盟発行規程集などの翻訳を担当。

---

# 馬のバイオメカニクス

2018年2月20日　第1刷発行Ⓒ

| | |
|---|---|
| 著　者 | Jean-Marie Denoix（ジャン　マリー　デノワ） |
| 監訳者 | 青木　修 |
| 翻訳者 | 石原章和、高木眞理子 |
| 発行者 | 森田　猛 |
| 発行所 | 株式会社 緑書房<br>〒103-0004<br>東京都中央区東日本橋2丁目8番3号<br>TEL 03-6833-0560<br>http://www.pet-honpo.com |
| 日本語版編集 | 石井秀昌、平井由梨亜 |
| カバーデザイン | アクア |
| 印刷・製本 | アイワード |

ISBN978-4-89531-327-8　Printed in Japan
落丁，乱丁本は弊社送料負担にてお取り替えいたします。

本書の複写にかかる複製，上映，譲渡，公衆送信(送信可能化を含む)の各権利は株式会社 緑書房が管理の委託を受けています。

JCOPY 〈(一社)出版者著作権管理機構 委託出版物〉

本書を無断で複写複製(電子化を含む)することは，著作権法上での例外を除き，禁じられています。本書を複写される場合は，そのつど事前に，(一社)出版者著作権管理機構(電話 03-3513-6969，FAX03-3513-6979，e-mail：info@jcopy.or.jp)の許諾を得てください。
また本書を代行業者等の第三者に依頼してスキャンやデジタル化することは，たとえ個人や家庭内の利用であっても一切認められておりません。